U0384526

中国环境规划政策绿皮书

中国生态环境规划发展报告
（1973—2018）

Progress Report on Ecological and Environmental Planning
in China（1973—2018）

王金南　万　军　王　倩　秦昌波　等　著

中国环境出版集团·北京

图书在版编目（CIP）数据

中国生态环境规划发展报告（1973—2018）/王金南等
著. —北京：中国环境出版集团，2019.5
（中国环境规划政策绿皮书）
ISBN 978-7-5111-3981-8

Ⅰ．①中… Ⅱ．①王… Ⅲ．①生态规划—研究报
告—中国—1973—2018 Ⅳ．①X321.2

中国版本图书馆 CIP 数据核字（2019）第 090164 号

出 版 人	武德凯	
责任编辑	葛　莉　曹　玮	
责任校对	任　丽	
封面设计	彭　杉	

出版发行　中国环境出版集团
　　　　　（100062　北京市东城区广渠门内大街 16 号）
　　　　　网　　址：http://www.cesp.com.cn
　　　　　电子邮箱：bjgl@cesp.com.cn
　　　　　联系电话：010-67112765（编辑管理部）
　　　　　发行热线：010-67125803，010-67113405（传真）
印　　刷　北京中科印刷有限公司
经　　销　各地新华书店
版　　次　2019 年 5 月第 1 版
印　　次　2019 年 5 月第 1 次印刷
开　　本　787×1092　1/16
印　　张　8.5
字　　数　80 千字
定　　价　58.00 元

《中国生态环境规划发展报告（1973—2018）》编写组

主　编	王金南	万　军	王　倩	秦昌波	
编写组	苏洁琼	温丽丽	杨丽阎	肖　旸	于　雷
	吕红迪	张南南	周劲松	牛　韧	王成新
	刘伟江	徐　敏	雷　宇	饶　胜	李　新
	路　路	关　杨	苑魁魁	王　侬	管鹤卿
	张鸿宇	臧宏宽			

执行摘要

中国的生态环境规划是伴随社会经济发展、40 年改革开放和生态环境保护不断壮大的历程。40 多年来，生态环境规划工作走过了从无到有、从简单到完善的过程，形成了有层次、分类型、多样化的规划体系，理念、技术、方法取得了重大进展，规划实践探索丰富多样。40 多年的生态环境规划历程表明，生态环境保护与社会经济发展密切相关，从十一届三中全会"把党的工作重点转移到社会主义现代化建设上来"到生态文明建设纳入"五位一体"的总体布局与"四个全面"的战略布局，再到美丽中国的建设，每个时期规划确定的工作重点虽有所不同，但都对指导环境保护工作发挥了纲举目张的作用，是国民经济和社会发展规划体系中的重要组成部分，也推动了生态环境保护事业的发展。可以说，生态环境规划已经从一个"墙上挂挂"的规划发展到了体现"国家意志"的规划，发展到了一个老百姓期待和关注的民生规划。

在新时代美丽中国建设目标下，生态环境规划担负光荣使命。本报告系统回顾了我国生态环境规划发展历程，从战略型规划、目标性规划、空间规划、创建规划、达标规划和行动计划等类别对生态环境规划体系进行了详细阐述，梳理了生态环境规划理论技术与方法研究进展及环境规划学科发展进展，并对我国生态环境规划发展趋势提出了展望与建议。未来的生态环境规划将以系统

谋划生态环境保护顶层战略为目标，统筹规划研究、编制、实施、评估、考核、督察的全链条管理，建立国家—省—市三级规划管理制度体系，加强环境规划方法的科学性、创新性，注重综合性和空间性环境规划，完善环境规划制度，强化环境规划人员队伍支撑能力建设。

Executive Summary

With the forty years' process of reform and opening-up, the socio-economic development, and the protection of ecological environment, China's ecological and environmental planning has been evolving continuously. In the past 40 years, the ecological and environmental planning framework started from scratch to a fully developed, gradational, classified and diverse system step by step, which gained significant progress in theories, techniques and methods and practical exploration or experiences. The 40 years' path of ecological and environmental planning shows that ecological and environmental protection is well coordinated and integrated with social and economic development. A variety of planning practices with different national strategies, such as the Third Plenary Session of the 11th Central Committee of the CCP "shift the focus of the party's work to socialist modernization", ecological civilization construction to be integrated into the implementation of promoting "balanced economic, political, cultural, social, and ecological progress" and the "Four-Pronged Comprehensive Strategy", as well as the building of a Beautiful China, have played a fundamental role in guiding environmental protection that constitute an important part in national economy and social development planning system and also boost the development of eco-environmental protection. As it were, eco-environmental planning has developed from a "wall hanging" plan to a "national will" plan and people's livelihood plan that obtained public expectation and attention.

To realize the goal of building a Beautiful China in the New Era, ecological and environmental planning shoulders this glorious mission. This report systematically reviews the development history of ecological and environmental planning in China. It describes the eco-environmental planning system through strategic planning, goal-oriented planning, spatial planning, construction-oriented planning, target planning and action plan elaborately. Meanwhile elucidates the progress of theories, technology and method research of eco-environmental planning and disciplinary development of environmental planning and provides prospects and suggestions for the development of eco-environmental planning in China. With the goal of systematically designing the top strategy of ecological environment protection, the future eco-environmental planning will integrate the whole-chain management system of research, preparation, implementation, evaluation, examination and supervision, establishing the state-province-city three-level planning management system, improving the scientific nature and innovation of environmental planning methods, emphasizing comprehensiveness and spatial environment planning, optimizing the planning system and strengthening the support ability of environmental planning professionals.

目录

目录

中国生态环境规划发展历程

1.1 改革开放发展阶段与环境保护规划发展

我国改革开放重点是经济领域体制、机制和政策的改革、不断扩大对外开放。随着社会经济的快速发展，生态环境保护问题日益突出，发展与保护辩证统一的关系不断调整，呈现螺旋式演进态势。

1.1.1 改革开放以来经济发展历程

改革开放 40 年（1978—2017 年），我国经济总量增长了 226 倍，人均 GDP 增长了 186 倍，城镇化率由 17.8%增长到 58.5%，经济总量由世界第 10 位上升到第 2 位，社会经济发生了翻天覆地的变化，

与社会经济发展相适应，改革开放深入开展，国家治理体系与治理能力也发生了巨大变化。

过去 40 年，在我国改革开放过程中，社会经济发展有四个关键的时间节点：一是 1978 年党的十一届三中全会召开，标志着中国全面启动改革开放，"摸着石头过河"，探索中国特色的社会主义道路。二是 1992 年党的十四大确立了社会主义市场经济体制的改革目标，建设市场经济，使市场在资源要素配置中发挥重要作用。三是 2001 年中国加入 WTO 议定书（以下简称"WTO 议定书"）的最终签署，中国经济开始全面与世界接轨，纳入全球经济轨道，朝着经济全球化的方向发展。四是 2012 年党的十八大召开，生态文明建设被纳入"五位一体"总体布局与"四个全面"的战略布局。目前，我国经济已经步入新时代，进入了从高速增长向高质量发展的新阶段。

1.1.2 生态环境保护制度改革的阶段发展

随着社会经济快速发展，我国生态环境问题呈现复合型、压缩型、结构型特点，发达国家上百年走过的城镇化、工业化、全球化道路，我国在短短的 40 年里基本完成，而且我国幅员辽阔、区域发展差距悬殊，发达国家上百年经历的生态环境问题，在我国短期内集中出现。改革开放赋予中国经济巨大活力，也推动我国体制机制与政策快速适应社会经济发展的需要发生深刻变革，生态环境保护治理是国家治理体系的重要内容，40 年里也发生重大变革。与社会经济发展阶段相适应，我国召开了七次全国环境保护大会，代表着党和国家对生态环境的战略定位、战略部署，出台了一系列重大制度和政策。

1972 年 6 月 5 日，联合国在瑞典首都斯德哥尔摩召开了第一次人类环境会议，我国政府派代表团参加了会议。这次会议使我国政府认识到环境问题的重要性，因此在 1973 年 8 月 5—20 日，由国务院委托国家计委在北京组织召开了第一次全国环境保护会议，会议通过了《关于保护和改善环境的若干规定》，确定了我国第一个关于环境保护的"32 字"战略方针。此次会议第一次承认我国存在环境问题并且很严重，同时引起各级领导对环境保护问题的重视。

1983 年 12 月，第二次环境保护大会召开，会议总结了过去 10 年环境保护工作的成绩和经验，研究了今后的方针政策和奋斗目标。基于我国人口与资源不协调国情的客观实际，明确把环境保护列为基本国策。此次会议提出的"三同步、三统一"方针，表明我国深入认识到环境与经济建设、城市建设之间的内在联系，这对环境规划的发展具有重大而深远的影响。

随着国民经济与社会不断发展，环境保护的战略地位被不断强化，并在后来召开的全国环境保护大会上得到体现，见表 1-1。

表 1-1　历次全国环境保护大会对环境保护在经济社会发展中作用的定位

环保大会	时间	标志性成果	相关表述
第一次	1973 年 8 月	第一次认识到中国存在环境问题，并引起各界重视	通过《关于保护和改善环境的若干规定》，确定了"全面规划、合理布局、综合利用、化害为利、依靠群众、大家动手、保护环境、造福人民"的"32 字方针"，这是我国第一个关于环境保护的战略方针
第二次	1983 年 12 月	环境保护作为基本国策	提出"三同步，三统一"方针，实行"预防为主，防治结合""谁污染，谁治理"和"强化环境管理"三大政策，提出把环境保护纳入国家经济与社会发展规划
第三次	1989 年 4 月	确立了环境保护八项制度	明确了具有中国特色的环境管理八项制度，分别是环境保护目标责任制、城市环境综合整治定量考核、污染集中控制、限期治理、排污许可证制度、环境影响评价制度、"三同时"制度、排污收费制度
第四次	1996 年 7 月	保护环境是实施可持续发展战略的关键，保护环境就是保护生产力	国务院做出了《关于加强环境保护若干问题的决定》，明确了跨世纪环境保护工作的目标、任务和措施。确定了坚持污染防治和生态保护并重的方针，全国开始展开了大规模的重点城市、流域、区域、海域的污染防治及生态建设和保护工程。环境保护工作进入了崭新的阶段

环保大会	时间	标志性成果	相关表述
第五次	2002 年 1 月	环境保护是政府的一项重要职能	提出环境保护是政府的一项重要职能，要按照社会主义市场经济的要求，动员全社会的力量做好这项工作。会议的主题是贯彻落实国务院批准的《国家环境保护"十五"计划》，部署"十五"期间的环境保护工作
第六次	2006 年 4 月	全面落实科学发展观，把环境保护摆在更加重要的战略位置，实现三个历史性转变	保护环境关系到我国现代化建设的全局和长远发展，是造福当代、惠及子孙的事业。把环境保护摆在更加重要的战略位置，以对国家、对民族、对子孙后代高度负责的精神，切实做好环境保护工作
第七次	2011 年 12 月	在发展中保护，在保护中发展	按照"十二五"发展主题主线的要求，坚持在发展中保护、在保护中发展，推动经济转型，提升生活质量，为经济长期平稳较快发展固本强基，为人民群众提供水清天蓝地干净的宜居安康环境

2018 年，召开全国生态环境保护大会，面向 2020 年，部署全面加强生态环境保护，坚决打好污染防治攻坚战。

1.1.3 改革开放中的环境保护规划演进历程

自从我国实行了改革开放、将工作重点转移到经济建设上来，我国的经济体制经历了一场根本性的转变，由高度集中的计划经济体

制逐步转向社会主义市场经济体制，经济发展取得了举世瞩目的成就，特别是连续多年经济增长超过 10%。然而，在这一经济发展过程中，我国在生态环境上付出了沉重的代价，一方面是生态环境脆弱，自然灾害频繁，另一方面是不合理的经济活动和消费方式加剧了生态环境的恶化。特别是 20 世纪 90 年代末、21 世纪初，随着人口增长、经济发展，森林减少、水土流失、沙漠化等问题日益凸显。

环境保护规划（计划）是环境保护的统领性制度，规划（计划）关注的重心，随着突出的环境问题及当时阶段对生态环境保护的认识而不断调整。"七五""八五"期间，我国城镇化、工业化发展程度较低，环境污染以点源为主，环境保护的重点是开展废气、废水、废渣等工业"三废"的治理，这期间的环境保护规划主要针对工业污染治理进行部署。"九五"期间我国开始走可持续发展道路，并在"十五"环境保护规划中强化。"十一五"期间，国家将主要污染物排放总量显著减少作为经济社会发展的约束性指标，着力解决突出环境问题，体现了环境保护更加重要的战略地位。党的十八大把生态文明建设纳入中国特色社会主义事业"五位一体"总体布局，"绿水青山就是金山银山"等习近平生态文明思想的贯彻落实，在"十二五""十三五"期间的各级环境保护规划中均得到体现。可以说，环境保护规划的发展即是我国环境保护事业的重要体现，改革开放以来，环境保护规划也经历了从无到有、从简单到复杂、从局部进行到全面开展的发展历程（图1-1）。

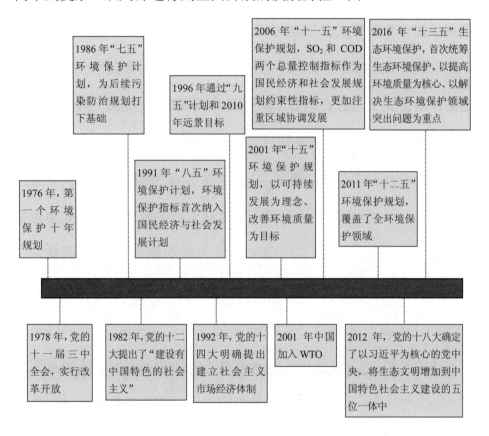

图 1-1　我国国家环境保护规划与经济社会发展阶段路线

1.2　国家生态环境规划发展实践评述

1973 年 8 月，国务院召开了第一次全国环境保护工作会议，审

7

议通过了"32 字方针"和第一个国家环境保护文件《关于保护和改善环境的若干决定》，"全面规划"是 32 字方针之首，以此确立了环境规划的统领地位。40 多年来，中国的生态环境保护规划随着中国环境保护事业的发展，经历了从无到有，从专项到综合的发展过程。自第一个全国环境保护规划以来,现已编制并实施了 9 个五年的国家环境保护规划；规划名称经历了从环保计划到环保规划，再到生态环境保护规划的演变；印发层级从内部计划到部门印发，再升格为国务院批复和国务院印发,已经形成了一套具有中国特色的环境规划体系（图 1-2）。

图 1-2　国家级综合规划发展轨迹

规划的不断发展也推动了"十年一跳跃"的环境管理体制改革，为实现社会经济与生态环境协调发展提供了体制保障。1972—1988

年，国务院环境保护领导小组升格为独立的国家环境保护局（副部级），标志着我国生态环境保护在国家管理体系中占据了一席之地，完成第一次跳跃；1989—1998 年，生态环境保护压力继续加大，逐步开展"三河三湖"等重点区域流域环境治理，国家环境保护局升格为国家环境保护总局，完成第二次跳跃；1999—2008 年，开始实施国家总量控制，遏制主要污染物排放总量快速增长势头，推进绿色低碳循环发展，国家环境保护总局升格为环境保护部，完成第三次跳跃；2009—2018 年，坚持以改善生态环境质量为中心，坚决向污染宣战，生态文明建设被纳入"五位一体"总体布局，组建生态环境部，完成第四次跳跃（图 1-3）。

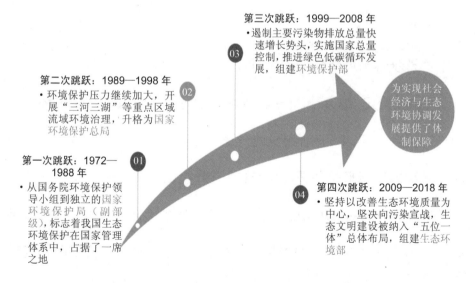

图 1-3 "十年一跳跃"的环境管理体制改革

1.2.1 第一个规划："五五"（1976—1980年）计划

20世纪70年代，"文化大革命"十年内乱使得我们国家，经济、政治、文化等各方面遭受到巨大损失；同时，新科技革命在全世界掀起了巨大的浪潮，世界各国纷纷抓住机遇，加速发展经济与科技。在此"内忧外患"的社会背景下，1978年，党的十一届三中全会明确把党的工作重点转移到社会主义现代化建设上来，宣布中国开始实行对内改革、对外开放的政策，标志着我国进入改革开放新时期。这期间，我国主要进行粉碎"四人帮"余党、拨乱反正、纠正极左思想工作，并对农村开始实行家庭联产承包责任制改革，对国民经济建设提出了"调整、改革、整顿、提高"的八字方针，国民经济体制改革还处于"摸着石头过河"的探索阶段。

到20世纪70年代早期，全国环境污染时有发生，生态环境遭到一定程度破坏，威胁着国民的健康水平。第一次环境保护会议，加深了对我国环境形势和环境问题的认识，我国的环境管理工作逐步展开。1978年中共中央在批转了国务院环保领导小组工作汇报的时候已经指出，消除污染、保护环境是进行社会主义建设、实现四个现代化的一个重要组成部分，我们决不能走先污染后治理的弯路，这是中共党史上第一次以中央的名义对环境保护做出重要指示。

按照原国家计委《关于拟定十年规划的通知》的要求，1974 年成立的国务院环保领导小组于 1975 年 5 月编制了第一个环境保护 10 年规划，并提出"5 年内控制、10 年内基本解决环境污染问题"的总体目标。从国家环境保护 10 年规划实施情况看，国家提出的环境保护总体目标，反映了当时国家治理污染的决心和良好愿望。但由于在制订环境保护规划目标时，对我国环境污染现状了解不够，低估了环境污染的复杂性、治理污染的艰巨性和解决环境问题的长期性，致使这一目标未能实现。

在这一期间，由于环境保护事业刚刚起步，对环境规划的内涵、意义、方法论，以及规划的实施与管理都没有充分的认识，在理论和实践上都缺乏足够的经验。环境保护规划也处于零散、不系统的状态，除了一些地区开展了环境状况调查、环境质量评价等工作外，大规模和较深入的环境保护规划工作尚未开展起来，环境保护规划的探索主要是加深对环境保护的理解。

同期，在国民经济发展计划（1976—1980 年），简称"五五"计划中提出了：大中型工矿企业和污染危害严重的企业，都要搞好"三废"（废水、废气、废渣）治理，按照国家规定的标准排放；第一次

全国环境保护会议上确定的北京、上海、天津等 18 个环境保护重点城市，工业和生活污水得到处理，按照国家规定的标准排放；黄河、淮河、松花江、漓江、白洋淀、官厅水库、渤海等水系和主要港口的污染得到控制，水质有所改善等环境保护内容。

1.2.2　首次纳入纲要："六五"（1981—1985 年）计划

"六五"期间，除第一个国家环境保护十年规划外，未形成环境保护五年规划文本。环境保护作为独立的篇章（第三十五章环境保护）纳入国民经济和社会发展第六个五年计划，并作为与发展工农业生产、调整产品结构、鼓励企业技改、扩展对外贸易等经济建设领域并列提出的第十项基本任务，提出实施"三同时"制度与提高"三废"处理能力。在固定资产投资中给予"职工住宅、城市建设、环境保护178.8 亿元"的表述，环境保护的重要意义被充分肯定。同时，不少地区和城市借鉴国外环境规划的方法，开始编制环境规划，具有代表性的环境规划有山西能源重化工基地环境规划、济南市环境规划、长春市环境规划等。

各地区根据"六五"计划确定的环境目标做了大量工作，取得了显著成就，"环境影响报告书"制度和"三同时"制度的执行率分别达到 90% 和 85%，城市环境急剧恶化的趋势有所控制，环境管理得到了加强。但从总体来说，环境污染与破坏仍呈发展趋势，环境规划工作薄弱，没有切实可行的五年计划，许多地方的环境规划还没有真正纳入国民经济与社会发展计划之中，工作的盲目性很大。

1.2.3　首次独立印发："七五"（1986—1990 年）计划

多年的实践证明，只搞计划经济会束缚生产力的发展。计划经济与市场经济的关系、社会主义与资本主义的关系问题是改革开放以来急需解决的问题。随着改革的深入，邓小平提出的"社会主义也可以搞市场经济"引发思考。1982 年，党的十二大提出了"建设有中国特色的社会主义"的命题，成为改革开放新时期指引中国社会主义建设的基本思想，打破将计划经济和市场调节完全对立的思想束缚，提出"以计划经济为主、以市场调节为辅"的原则。党的十二大之后，我国经济体制改革全面展开。

1984 年，中国开放 14 个沿海城市和海南岛，向世界敞开国门。国有企业松绑，实行厂长负责制，乡镇、民营企业崛起，联想、万科等大型民营公司均在此期间成立，中国迎来了全民经商的下海潮。同时，"倒爷"钻计划经济的空子倒买倒卖，没有计划的引进热也造成

极大的浪费和行业管理上的失控，经济趋热导致通货膨胀，"三角债"严重。

不过，从1986年开始的第七个五年计划的头两年，在工业持续高速发展、能源消耗大量增加的情况下，大气和水体的主要指标继续稳定在1980年的水平，说明控制环境污染的能力在增强。

依据《中共中央关于制定国民经济和社会发展第七个五年计划的建议》要求，国务院环境保护委员会组织拟定了"七五"时期《国家环境保护计划》初稿，经过反复计算、平衡、论证、研究、修改，国家首个五年环境规划经国务院环境保护委员会第九次会议审议并原则通过。从此，环境保护五年规划成为国民经济与发展计划的重要组成部分。

《国家环境保护计划》突出城市环境综合整治和工业污染防治工作，强调不同地区和行业要有针对性地提出各自的环保目标。强调环境容量约束与总量控制，要求"人口密度高和工业集中地区的工业，应当逐步向环境容量大的地区转移；在环境容量许可条件下开采自然资源，继续进行环境容量研究工作；经济区和城市群共同使用的水系应逐步实行污染物总量控制"。开始关注经济区、城市群和乡镇企业出现的一系列新的环境问题，开始关注环境管理制度在环境保护计划

14

中的重要作用。"七五"环境保护计划的多数指标已经完成，在经济高速发展、国家对环境保护投资有限的情况下，环境污染在一定程度上得到控制。

《公元 2000 年中国环境预测与对策研究》的预测及对策研究成果为"七五"计划的编制提供了大量的基础资料和对策方案。因而"七五"环境保护计划较之"六五"环境保护计划的科学性有了显著的提高。第一次形成了一份内容比较丰富、指标比较齐全、方法比较科学的环境保护五年计划。在此期间，国家在一些城市开始试行排污许可证制度，通过排污许可证的发放进行环境管理，将环境规划与环境管理联系起来，克服了过去环境规划和环境管理两层皮的状况。

1.2.4 指标首次纳入上位规划："八五"（1991—1995 年）计划

1991 年，三年多的宏观调控让过热的经济趋于平稳，各项经济指标大幅下降，国际社会对中国趋于放开，改革姓"资"姓"社"问题又引起讨论。

1992 年，邓小平视察南方深圳、珠海等地，发表了重要的视察

南方谈话，对中国 90 年代的经济改革与社会进步起到了关键的推动作用。邓小平的这次视察南方谈话，开启了中国改革开放的崭新篇章。视察南方谈话充满了抓住机遇、发展自己的紧迫感，清晰地解决了姓"资"姓"社"的问题，是一次思想大解放，也给民营经济的发展开拓了更加广阔的舞台，赋予了"发展"全新的科学的时代内涵，启动中国经济快车的引擎。1992 年，党的十四大明确提出建立社会主义市场经济体制的改革目标，提出要使市场在国家宏观调控下对资源配置起基础性作用。

经济社会建设的快速发展，让人民群众看到了脱贫致富的希望、初尝改革开放带来的成果，但在那个由计划经济向市场经济转型的时期，传统的粗放型增长方式已经成为经济发展的主导模式，并产生着强大的惯性，许多地方的经济增长都是以破坏生态和牺牲环境为代价的。粗放型增长方式带来严重的环境污染和生态破坏等一系列环境问题，对人民群众的生产生活和中国经济社会发展的可持续性造成了严重的威胁和危害。工业和人口的过分集中、工业结构和建设布局的不够合理、城市基础设施的落后、大量城市生活废物和工业"三废"的集中排放，致使城市环境污染成为我国环境问题的中心。此时，污染防治仍以企业治理"三废"为主。

《环境保护十年规划和"八五"计划纲要》（以下简称《"八五"计划纲要》）是根据《中共中央关于制定国民经济和社会发展十年规划和"八五"计划的建议》和《中华人民共和国国民经济和社会发展十年规划和第八个五年计划纲要》，在国家计委的指导下，由国家环境保护局组织各地区和国务院各有关部门编制的。

《"八五"计划纲要》强化"七五"环保计划对总量控制要求，提出污染防治逐步从浓度控制转变为总量控制，从末端治理到全过程防治；提出工业粉尘排放总量控制目标，对重点工业污染源、流域、海域实行污染物总量控制；注重环境保护与经济和社会协调发展，强化环境管理与科技进步。在此期间，工业污染防治和城市环境综合整治成效显著，自然保护区建设取得较大进展。

《"八五"计划纲要》比"七五"环境保护计划有了显著的进展，主要表现在环境保护指标首次纳入国民经济和社会发展规划中；全国统一的技术大纲规定了计划编制的主导思想、指标体系、主要内容和方法论；计划内容中不仅编制了宏观的环境污染物总量控制计划，还编制了环境质量保护的污染物控制计划；主要指标还分解到省、自治区、直辖市和计划单列市；在时间序列上，除有十年规划、五年计划之外，还编制了年度计划并纳入国家国民经济和社会发展年度计划中：编制方法的科学化、计算机化有了较大的进展。初步形成了一个以促进经济与环境持续、协调发展为目的的宏观环境保护目标规划和以污染物排放、治理分配到源为特征的环境质量规划相结合的环境规划体系，环境保护从各个层次纳入国民经济和社会发展规划，这是环境规划进入发展时期的重要标志。

1.2.5 首次经国务院批准："九五"（1996—2000 年）计划

进入 20 世纪 90 年代，中国工业不断深化改革，加快经济体制转轨，1991—2000 年 GDP 年均增长 10.4%，工业经济步入了蓬勃发展的快车道。其基本特征可以概括为：以市场化改革和对外开放为背景，以改善国民经济结构、促进经济发展为目标，以轻重工业均衡发展、多种经济成分共同发展、积极利用外资和国内外两个市场、梯度发展为四项基本工业化战略。

进入 90 年代后，在加强企业污染防治的同时，大规模开展农村面源污染防治和重点城市、流域、区域环境治理。随着中国经济持续快速发展，发达国家上百年工业化过程中分阶段出现的环境问题在中国集中出现，环境与发展的矛盾日益突出。资源相对短缺、生态环境脆弱、环境容量不足，逐渐成为中国发展中的重大问题。由于中国正处于工业化和城市化加速发展的阶段，也正处于经济增长和环境保护矛盾十分突出的时期，环境形势依然十分严峻。一些地区环境污染和生态恶化还相当严重，主要污染物排放量超过环境承载能力，水、大气、土壤等污染严重，固体废物、汽车尾气、持久性有机物等污染增加。

为贯彻落实《国民经济和社会发展"九五"计划和 2010 年远景目标纲要》和《国务院关于环境保护若干问题的决定》（以下简称《决定》）。1996 年 7 月，国务院召开的第四次全国环境保护会议审议通过了《国家环境保护"九五"计划和 2010 年远景目标》（以下简称《"九五"计划》），这是国家环境保护五年计划第一次经国务院批准实施。

1992 年联合国环境与发展大会之后我国率先提出《环境与发展十大对策》，要求各级人民政府和有关部门在制定和实施发展战略时，编制环境保护规划，提出了走可持续发展之路的必要性。《"九五"计划》进一步明确了可持续发展战略，并在国民经济和社会发展规划中单列可持续发展环保目标。

《"九五"计划》力争使环境污染和生态破坏加剧的趋势得到基本控制，部分城市和地区的环境质量有所改善，并提出"创造条件实施污染物排放总量控制"。《"九五"计划》是贯彻落实《决定》中"一控双达标"（到 2000 年年底，各省、自治区、直辖市要使本辖区主要污染物的排放量控制在国家规定的排放总量指标内，工业污染源要达到国家或地方规定的污染物排放标准，空气和地面水按功能区达到国家规定的环境质量标准）的重要措施，《"九五"计划》要求重点抓好"三河"（淮河、海河、辽河）、"三湖"（太湖、巢湖、滇池）、"两控区"（酸雨控制区和二氧化硫污染控制区）、一市（北京市）、"一海"（渤海）的污染防治工作（以下简称"33211"工程）。全国实行污染防治与生态保护并重方针，推出两项重大举措，即《"九五"期间全国主要污染物排放总量控制计划》和《中国跨世纪绿色工程规划》，在一定意义上说是对"七五""八五"等历次环保计划的创新和突破。

在此期间，国家环保局编制的 6 项国家级环境保护规划获国务院批准实施，还联合计委等 13 个部门印发《中国生物多样性保护行动计划》《中国自然保护区发展规划纲要（1996—2010)》两项规划，环境保护呈现部门合作、多部门参与的局面。

1.2.6 指标分解与区域保护取得重大进展："十五"（2001—2005 年）计划

2001 年 12 月 11 日，中国经过长达 15 年的谈判成为 WTO 第 143

个正式成员国，中国经济开始新一轮上升期，开始探索新型工业化道路阶段。2001—2010 年 GDP 年均增长 10.5%，增速高于 80 年代（9.3%）和 90 年代（10.4%），中国国内生产总值从 2002 年的 12 万亿元人民币增至 2012 年的近 52 万亿元人民币，增长了 4 倍多。2012 年三次产业构成为 9.4：45.3：45.3，与 2002 年相比，第一产业比重继续下降，第二产业和第三产业比重有所上升，产业结构更趋于优化，原来从事第一产业的劳动力转向从事现代、高效的第二产业、第三产业，产业结构逐步升级转换，有效提高了全社会劳动生产率。

党的十七大明确提出了"全面认识工业化、信息化、城镇化、市场化、国际化深入发展的新形势新任务"，"市场化"有了更清晰准确的定位。中国积极顺应全球产业分工不断深化的大趋势，充分发挥比较优势，承接国际产业转移，实施出口拉动外向型经济，大力发展对外贸易和积极促进双向投资，开放型经济实现了迅猛发展，综合国力不断增强。汽车产业等资本和技术密集型的产业在居民消费结构升级的促进作用下实现了快速发展，成为我国重要的支柱产业，并带动了钢铁、机械等相关产业的发展。

在此期间，我国环境状况总体恶化的趋势尚未得到根本遏制，环境矛盾凸显，压力继续加大。一些重点流域、海域水污染严重，部分区域和城市大气灰霾现象突出，许多地区主要污染物排放量超过环境容量。农村环境污染加剧，重金属、化学品、持久性有机污染物以及土壤、地下水等污染显现。部分地区生态损害严重，生态系统功能退化，生态环境比较脆弱。核与辐射安全风险增加。人民群众环境诉求不断提高，突发环境事件的数量居高不下，环境问题已成为威胁人体健康、公共安全和社会稳定的重要因素之一。生物多样性保护等全球性环境问题的压力不断加大。环境保护法制尚不完善，投入仍然不足，执法力量薄弱，监管能力相对滞后。同时，随着人口总量持续增长，工业化、城镇化快速推进，能源消费总量不断上升，污染物产生量继续增加，经济增长的环境约束日趋强化。

2001 年 12 月，《国家环境保护"十五"计划》（以下简称《"十五"计划》）获国务院批复。计划要求继续重点抓好"三河、三湖、两控区"、北京、渤海等"九五"期间确定的环境保护重点区域的污染防治工作，抓紧治理三峡库区和南水北调工程沿线的水污染。《"十五"计划》坚持环境保护基本国策，走可持续发展战略，以改善环境质量为目标，保障国家环境安全，保护人民身体健康，以流域、区域环境区划为基础，突出分类指导。

"十五"期间，各地区、各有关部门不断加大环境保护工作力

22

度，淘汰了一批高消耗、高污染的落后生产能力，加快了污染治理和城市环境基础设施建设，重点地区、流域和城市的环境治理不断推进，生态保护和治理得到加强；但"十五"环境保护计划指标没有全部实现，二氧化硫排放量比 2000 年增加了 27.8%，化学需氧量仅减少 2.1%，未完成削减 10%的控制目标。淮河、海河、辽河、太湖、巢湖、滇池（以下简称"三河三湖"）等重点流域和区域的治理任务只完成计划目标的约 60%。主要污染物排放量远远超过环境容量，环境污染严重。

在这里，我们有必要回顾一下总量控制制度。我国是世界上实施全国主要污染排放总量控制的国家之一，主要污染物排放总量控制规划始于"九五"，一直延续到"十三五"时期。"九五"期间，全国主要污染物排放总量控制计划基本完成，在国内生产总值年均增长 8.3%的情况下，2000 年全国二氧化硫、烟尘、工业粉尘和废水中的化学需氧量、石油类、重金属等 12 项主要污染物的排放总量比"八五"末期分别下降了 10%～15%。但"十五"主要污染物排放总量控制指标没有全部完成，二氧化硫排放量比 2000 年增加了 27.8%，"两控区"增加 2.9%，烟尘排放量比 2000 年增加 1.9%，工业粉尘比 2000 年下降 16.6%，化学需氧量仅减少 2.1%，未完成控制目标。

在此期间，各类规划全面推进，除国家环境保护规划外，有八个专项规划获得国务院批准实施，《全国生态环境保护纲要》还获得国务院印发。编制并实施了《"十五"期间全国主要污染物排放总量控制分解规划》，确定了 6 项主要污染物排放总量控制指标，并分解总量控制目标到各省、自治区、直辖市和规划单列城市。在全国各地区开展了 14 年的水环境功能区划工作基础上，国家环保总局初步完成了全国水环境功能区划的汇总编制工作，这是国家首次对全国进行系统的水环境功能区划，并且初步完成了我国 31 个省、直辖市、自治区的生态功能区划编制工作。

重点区域的环境保护规划取得了重大进展。《珠江三角洲区域环境保护规划》和《广东省环境保护综合规划》经广东省人大批准实施，这两项规划在规划思路、技术方法、重点任务、规划实施机制上都具有重大创新。两项规划首次提出了生态环境空间管控的概念，将珠三角 14.13%的区域、广东省 20%的区域划为生态严控区，实施严格保护，这是我国最早的生态保护红线的实践。规划通过广东省人大审议并印发实施，开创了环保规划通过人大审议确立法律地位的先河，解决了环境规划执行力弱、缺乏法律地位的尴尬局面。随后，长江三角洲、京津冀区域环境保护规划编制工作也相继展开。

1.2.7　首个国发、重在执行的规划："十一五"（2006—2010 年）规划

"十五"环境指标没有完成，在很大程度上催生了环境约束性指标的出现，在我国环境保护规划与治理的历史上，环境约束性指标具有里程碑的历史意义。"十一五"期间，国家将主要污染物排放总量显著减少作为国民经济与社会发展纲要的约束性指标，着力解决突出环境问题，在认识、政策、体制和能力等方面取得重要进展。国家建立了严格的总量考核制度，大工程带动大治理，到 2010 年，化学需氧量、二氧化硫排放总量比 2005 年分别下降 12.45%、14.29%，超额完成减排任务。具体见表 1-2。

2005 年，中共中央政治局常委和国务院常务会首次专题听取了关于《环境保护"十一五"（2006—2010 年）规划》（以下简称《"十一五"规划》）思路的汇报，充分体现了党和国家对环保工作的高度重视，《"十一五"规划》第一次以国务院印发形式颁布。《"十一五"规划》推进了环境保护历史性转变，从传统的 GDP 增长和总量平衡规划，转向更加注重区域协调发展和空间布局、发展质量的规划。从规划对政府的约束性来看，强调规划的实施和考核、强调刚性约束作

用是《"十一五"规划》的最大特点。

表 1-2　主要污染物排放量总量控制规划

规划名称	污染物指标	规划目标	批复文号	实施效果
"九五"期间全国主要污染物排放总量控制计划	大气污染物指标：烟尘、工业粉尘、二氧化硫；废水污染物指标：化学需氧量、石油类、氰化物、铅、汞、镉、六价铬、砷	①到 2000 年,全国主要污染物排放总量控制在"八五"末水平,总体上不得突破;②凡属"九五"期间国家重点污染控制的地区和流域,相应控制的污染物排放总量应当有所削减;③根据不同地区经济与环境现状,适当照顾地区差别	国函〔1996〕72 号	基本完成

规划名称	污染物指标	规划目标（2005 年比 2000 年）（±%）	批复文号	实施效果
"十五"期间全国主要污染物排放总量控制分解计划	二氧化硫排放总量	−10.0	国函〔2001〕169 号	部分完成
	其中：两控区排放量	−20.0		
	烟尘排放总量	−9.0		
	工业粉尘排放总量	−17.7		
	化学需氧量排放总量	−10.0		

规划名称	污染物指标	规划目标（2005年比2000年）（±%）	批复文号	实施效果
"十五"期间全国主要污染物排放总量控制分解计划	其中：工业	-8.2	国函〔2001〕169号	部分完成
	生活	-11.8		
	氨氮排放总量	-10.1		
	其中：工业	-8.9		
	生活	-10.9		
	工业固体废物排放总量	-10.2		
规划名称	污染物指标	规划目标（2010年比2005年）（±%）	批复文号	实施效果
"十一五"期间全国主要污染物排放总量控制计划	化学需氧量	-10	国函〔2006〕70号	超额完成
	二氧化硫	-10		

　　《国民经济和社会发展"十一五"规划》（以下简称《国民经济规划》）提出了"全面建设小康社会的关键时期"的重要判断，认为生态环境比较脆弱，"十五"时期在快速发展中又出现了一些突出问题，如经济增长方式转变缓慢、能源资源消耗过大、环境污染加剧等。同时，仍然延续了"可持续发展能力增强"的目标表述，即生态环境

恶化趋势基本遏制，主要污染物排放总量减少 10%，森林覆盖率达到 20%，控制温室气体排放取得成效，并将其从"十五"的预期指标上升为约束性指标。

从国民经济规划对环保工作思路的导向性来看，"九五""十五"及之前的规划强调区域性、行业性，大多分为城市环境保护、农村环境保护、工业污染防治等领域。"十一五"则强调要素导向，水、气、渣等体现要素管理、分类实施。国民经济规划在促进区域协调发展等多个环节提及了环境保护，同时单列了"建设资源节约型、环境友好型社会"任务篇章，比"十五""人口、资源、环境"任务表述的内涵要广。强调要实行强有力的环保措施，主要通过健全法律法规、加大执法力度等法律手段，并辅以经济手段加以落实。

"十一五"期间，着力解决突出环境问题，在认识、政策、体制和能力等方面取得重要进展，"十一五"环境保护目标和重点任务全面完成，尤其是污染减排两项指标都超额完成规划目标。

在此期间，继水环境功能区划工作取得进展后，2008 年，由环境保护部和中国科学院联合颁布《全国生态环境功能区划》并实施，在国家"十一五"规划纲要中明确要求要对 22 个重要生态功能区实行优先保护、适度开发。国务院于 2010 年 12 月发布了全国主体功能区划。该区划将国土空间划分为优化开发、重点开发、限制开发和禁止开发四类。该功能区划的出台也为"十二五"国民经济和社会发展总体规划、区域规划、城市规划等的编制与实施,提供了基本依据。

1.2.8 总量与质量并重:"十二五"(2011—2015 年)规划

《国家环境保护"十二五"规划》(以下简称《"十二五"规划》)同样由国务院印发,主要指标确定为:①主要污染物排放总量显著减少。全国化学需氧量、二氧化硫排放总量比 2010 年分别减少 8%,全国氨氮、氮氧化物排放总量比 2010 年分别减少 10%。②环境质量明显改善。地表水国控断面劣 V 类水质的比例小于 15%,七大水系国控断面好于Ⅲ类的比例大于 60%。

与以往的环境保护五年计划相比,《"十二五"规划》的编制,体现了"坚持在发展中保护,在保护中发展"的战略思想,体现了以环境保护优化经济发展的历史定位,体现了国家对环境保护重大战略任务的统筹安排。在规划指导思想上,紧扣科学发展这个主题和加快转变经济发展方式这条主线,努力提高生态文明水平,切实解决影响科学发展和损害人民群众健康的突出环境问题。全面推进环境保护历史性转变,积极探索代价小、效益好、排放低、可持续的环境保护新

道路，加快建设资源节约型、环境友好型社会。在规划编制机制上，更加注重开门编制规划，加强基础研究，公开选聘前期研究承担单位，开展网络征集意见和问卷调查，开展各地规划编制调研和座谈，广泛听取各行业各领域专家学者有关意见和建议。在规划内容上，提出深化主要污染物总量减排、努力改善环境质量、防范环境风险和保障城乡环境保护基本公共服务均等化四大战略任务。《"十二五"规划》的主要目标、主要指标、重点任务、政策措施和重点工程项目纳入了《国民经济和社会发展第十二个五年规划纲要》。

在此期间，除国家环保规划外，还有三项规划获国务院印发，七项规划获国务院批准实施。环境保护部为了配合国家主体功能区划的实施，组织开展编制全国环境功能区划的工作。国家环境功能区划工作计划分前期研究（2009—2010年）和编制应用（2011—2013年）两个阶段开展。环境保护部选择河北省、吉林省、黑龙江省、浙江省、河南省、湖北省、湖南省、广西壮族自治区、四川省、青海省、宁夏回族自治区、新疆维吾尔自治区、新疆生产建设兵团等13个环境功能区划编制试点，并印发了《全国环境功能区划编制技术指南（试行）》。

"十二五"期间，生态环境质量有所改善，治污减排目标任务超额完成，《"十二五"规划》确定的 7 项约束性指标中，除了 NO$_x$ 排放总量控制指标外，其他指标都已经于 2014 年提前完成。生态保护与建设取得成效。环境风险防控稳步推进，生态环境法治建设不断完善。"十二五"启动的城市环境总体规划编制试点也取得丰硕的成果，全国包括北京、广州、福州、成都、青岛、济南、哈尔滨、乌鲁木齐等超过 40 个城市启动了城市环境总体规划的编制，探索建立起具有基础性、战略性、空间性、协调性、系统性等特征的城市环境总体规划，极大地提高了城市环境管理的系统化、科学化、法治化、精细化、信息化水平。

1.2.9　以环境质量改善为核心、生态与环境首次统筹："十三五"（2016—2020 年）生态环境保护规划

中国共产党第十八次全国代表大会于 2012 年 11 月 8 日在北京召开，会议对中国特色社会主义建设有了新的定位，党的十六大以前关于中国特色社会主义的建设主要集中于经济、政治和文化建设。到党的十七大增加了社会建设，党的十八大报告增加了生态文明，列入"五位一体"总体布局。生态文明建设上升到国家战略，把可持续发展提升到绿色发展高度，为后人留下更多的生态资产。

党的十八大以来，以习近平同志为核心的党中央先后提出"一带一路"建设、"新常态""供给侧结构性改革""三去一降一补""脱贫攻坚""互联网+"等重要论述，为我国经济改革和发展明确了目标、指明了方向，为全面建成小康社会、实现中华民族伟大复兴的中国梦打下了坚实的基础。

现阶段，我国坚持走中国特色新型工业化、信息化、城镇化、农业现代化道路，推动信息化和工业化深度融合、工业化和城镇化良性互动、城镇化和农业现代化相互协调，促进工业化、信息化、城镇化、农业现代化同步发展。

"十二五"以来，坚决向污染宣战，全力推进大气、水、土壤污染防治，持续加大生态环境保护力度，生态环境质量有所改善。"十三五"期间，经济社会发展不平衡、不协调、不可持续的问题仍然突出，多阶段、多领域、多类型生态环境问题交织，生态环境与人民群众需求和期待差距较大，提高环境质量、加强生态环境综合治理、加快补齐生态环境短板是当前核心任务。

国务院于2016年11月印发《"十三五"生态环境保护规划》（以下简称《"十三五"规划》）。规划以提高环境质量为核心，统筹部署"十三五"生态环境保护总体工作。《"十三五"规划》提出到2020

年实现生态环境质量总体改善的总体目标，并确定了打好大气、水、土壤污染防治三大战役等七项主要任务。提出 12 项约束性指标，突出环境质量改善与总量减排、生态保护、环境风险防控等工作的系统联动，将提高环境质量作为核心评价标准，将治理目标和任务落实到区域、流域、城市和控制单元，实施环境质量改善的清单式管理。

《"十三五"规划》呈现新特征，标题由"环境保护"发展为"生态环境保护"，规划内容实现了环境保护与生态保护建设的全面统筹。在规划思路上，坚持以改善生态环境质量为核心，将"三大计划"的路线图转变为施工图，贯彻环境质量管理的概念。在任务设计上，强化分区分类指导，将全国水环境划分为 1 784 个控制单元，对其中的 346 个超标单元逐一明确目标和改善要求；对于京津冀、长三角、珠三角三大区域，分类提出大气改善的目标与任务。将绿色发展和改革作为重要任务，改变以往规划作为保障体系的惯例，显著强化绿色发展与生态环境保护的联动，改变一拨人搞发展、一拨人搞保护的分割局面，坚持从发展的源头解决生态环境问题。另外，规划提出了几十项重要的政策制度改革方案，用改革保障规划的实施，通过规划的实施促进改革的推进。

在此期间，国务院削减各领域规划数量，追求规划高质量与可

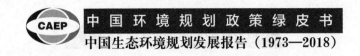

操作性,除国家生态环境保护规划外,还有三项规划获得国务院印发,分别是《水污染防治行动计划》(以下简称"水十条")、《土壤污染防治行动计划》(以下简称"土十条")、《"十三五"节能减排综合工作方案》等,其中"水十条""土十条"包括 2013 年印发的"大气十条",是党的十八大以来党中央、国务院向污染宣战的重要文件,文件通过了中央政治局会议审议,由国务院印发,是生态环境保护领域和规划领域的纲领性文件。

1.3 中国环境保护规划发展的经验与问题

1.3.1 中国环境保护规划发展经验

(1) 与国家关于环境保护的理念和政治意愿紧密结合

环境保护既是经济问题、社会问题,又是政治问题,环境保护工作的成败取决于国家对环境保护的重视程度、对环境保护与社会经济发展规律的认识程度,以及对处理环境保护与社会经济发展关系的战略部署。中国环境保护规划事业发展的历程,也是国家对环境保护工作重视程度不断提高的过程。从确立环境保护是一项基本国策,到逐步推进可持续发展战略、科学发展观、建设生态文明,可以看出国家关于环境保护的理念不断创新和政治意愿明显加强。

（2）解放思想、实事求是，推进管理体制改革创新

经过近 40 年的探索和实践，中国已逐步建立起比较完善的环境管理体制。正是因为始终坚持解放思想、实事求是，不断推进环境管理体制改革创新，转变政府环保职能，才使中国环境保护各项事业蓬勃发展、不断推进。环境管理体制改革推动了环保规划编制与实施体制的改革。规划是政府职能和行政手段，规划编制过程、规划文本和规划实施三位一体。环境保护跨部门、多行业、涉及面广，在环境保护机制体制尚未完全理顺的现阶段，通过"十二五"开门编制规划和实施超前谋划、统筹推进，充分重视规划的部门协调、实施可达等，进而实现通过环境规划编制实施达到统一管理的目的。

（3）做实顶层设计、宏观决策，从源头解决问题

环境问题是"世界问题复合体"，不仅涉及科学技术，而且涉及经济发展、社会进步、政治文明，甚至关系伦理道德。单纯依靠末端治理来解决环境污染，必然是"头痛医头、脚痛医脚"，无法摆脱"先污染后治理"的道路。近 40 年中国环境保护规划的实践表明，只有从源头预防，加快社会经济发展方式的转变，才能解决好环境问题。近 40 年来，由于将保护环境作为推动经济社会发展和生产方式转变

的内在要求,把调整产业结构作为实现污染减排目标和改善环境质量的重要手段,通过淘汰落后产能,既大幅减少了污染物排放,又有力地促进了经济质量的提升。因此,必须将环境保护政策渗透到生产、流通、分配、消费的各个环节,加强环境保护参与综合决策的力度,努力将环境保护与经济建设融为一体,在保护环境中实现科学发展。

（4）坚持统筹全面、综合施策、重点突破的规划思路

环保规划工作是一项系统工程,一方面必须统筹兼顾,加强总体协调。另一方面必须坚持重点突破的思路,这是对环保力量的重新调配,是对环保资源的整合重组。近 40 年来,特别是在"十一五"规划以来,环境保护规划以污染物减排约束性指标为抓手,取缔关闭了一批长期危及饮用水水源地安全的污染企业;通过实施最严格的环境保护措施,让不堪重负的江河湖海休养生息;通过加强脱硫设施建设,推进大气污染防治等工作重点。推动了经济结构调整,促进了环境质量改善,带动了全面工作。

（5）以人民为中心,解决老百姓关注的突出问题

环境污染危害群众健康,必须集中力量重点突破。中国的生态环境问题呈现出压缩型、复合型、结构型特点,发达国家上百年工业化过程中产生的环境问题,在中国改革开放 40 年来的快速发展中集

中出现。如不及时整治，就会错失良机。这些年来，我国坚持把环境保护同改善民生紧密结合起来，着力解决环境不公平问题，维护群众环境权益，积极推进和谐社会建设。实践证明，有效维护了广大群众的环境权益、解决了群众关心的切身问题，才使环境保护工作有了群众基础，有效地解决了一些突出的环境问题。

（6）加强环境保护规划基础能力建设和技术方法创新

环境保护基础能力建设是环保工作"注重实施"以来的有力支撑。近40年来，中国不断重视环境保护基础能力建设，国家对环境保护基础建设的投入也逐年增大，尤其是"十一五"以后，是中国环保投入增幅最大的时期，有力地促进了各地环境保护工作的开展。特别是近几年来，针对我国环境保护工作一直存在"重规划、轻实施"的问题，以建设先进的环境监测预警体系和完备的环境执法监督体系为重点，同时加强对环境监测、环境监察、核与辐射、环境科研、环境信息与统计、环境宣教等各个领域的基础能力建设，为实现国家节能减排目标和环境保护三个转变提供了强大的保障支撑。

1.3.2 存在的主要问题

我国环境保护事业经过40年的发展，环境保护规划体系已经较为完善。但整体来看，中国的环境规划体系尚存在以下几个方面的问题。

（1）综合规划实施统筹发挥不足

中长期环境保护战略与综合规划、专项规划、行动计划之间的匹配、协调程度上存在欠缺，"支强干弱"问题较为突出。三个"十条"等线条明确、任务清晰、过程管理到位、考核问责有力，这些专项规划发挥作用好，但综合规划实施统筹作用不强。当前，地方实施规划的重点是围绕着专项考核的"指挥棒"转，区县层面实施规划的重点工作就是聚焦于大气、水等各项考核和督查，地方概括近两年市县环保局的基本工作就是"考核、追责、督察"，考核、督察之外的环保工作无暇顾及，没有纳入地方政府和有关部门的重点工作，对未纳入考核的内容如源头预防、生态保护、环境风险、农村整治、政策制度等综合性任务重视不够，生态环保工作统筹推进的格局没有形成。

综合规划与其他部门或行业规划协调难。在不少地方省级专项规划体系中，环保规划排名靠后，与相关规划协调时，难以发挥基础性作用。即使是北京、江苏等环保工作力度大的省市，在减煤减化、力度幅度等方面的规划协调时也不得不一再退让，绕着问题走，不能硬碰硬、实打实，需要主要领导亲自拍板。同时综合规划承载内容多、衔接协调时间长，往往滞后于一些环保专项规划的出台，在对外衔接协调时，呈现"碎片化"的问题。在"多规合一"的形势下，生态环境保护空间规划内容缺乏、话语权弱，难以与国土规划、城市规划等在同一平台对话。

（2）重编制、轻实施

规划任务分工难，在地方规划实施过程中尤为明显。地方反映最强烈的是环保部门"小马拉大车"，生态环保工作部门联动机制没有形成，这个问题在规划实施上，显得尤为突出。生态环境保护规划任务覆盖了各个领域、各个行业，规划的部门任务分工尤为复杂困难。很多省份环境保护工作责任规定不具体，规划任务分工也只能原则笼统，使规划实施任务的部门职责无法真正落实。很多省份反映，畜禽养殖污染控制、减煤减化、餐馆油烟治理、城市综合执法、加油站换双层罐等任务无法分解，部门推诿扯皮严重，越位、缺位、不到位现象都不同程度存在。规划的龙头作用以及带动各部门各地区齐抓共管干环保的作用无法全面体现。

规划实施过程中管理抓手缺乏。现有规划实施缺乏进度管理和过程管理，对于重点任务、重点工程、重大政策没有"推手"，没有日常推进实施机制，只在规划实施的中期和末期算总账。规划编制

完成后搁置一边，在实际执行过程中被束之高阁、墙上挂挂，甚至连负责规划与项目的投资人员平时都不翻阅。江苏"263工程"（设专职机构、专职人员、专门账户）、上海三年行动计划（秘书处设在上海环保局综合规划处）的成功经验之一就是下设专项工作推进办公室。北京、上海、南京等地方规划处室同时承担生态环境保护规划编制、京津冀协同发展生态环保指挥部、副中心建设委员会生态环保建设、生态环保委员会办公室等综合职能，难以保证规划实施过程的有效管理。

规划任务工程化、项目化不够。在市县层级，缺乏一批实实在在的项目作为支撑，规划实施性较差。原因主要在于，一是项目库以地方申报为主，省市层面的指导、调控不足，与规划实施关联性不强。二是资金机制与规划任务项目主体不一，环保系统对资金无太多的调控权力，没有直接对应规划的资金机制。三是规划工程来源于地方和外部门，实施主体存在多方面顾虑、协调难。四是地方申报项目，一些环境质量改善项目综合性较强，往往涉及方方面面，生态环保规划对项目库建设的指导和带动作用不明显，现有的资金机制也难以对应支持。因此，以规划带动项目实施的效应在减弱，资金项目投入对规划实施的直接贡献也在减弱。

（3）规划体系尚需完善

一些地方规划体系不健全，规划合力没有形成。目前不同层级规划上下一般粗，各个层级规划的边界、定位和任务重点不明晰，省级规划"指导有余、操作不足"，市县负责落实，但市县"操作型"的规划编制力量不足、要求不明确，更没有达到规划方案的编号要求。不少城市没有编制市县环保规划，环保工作也没有纳入地方国民经济和社会发展规划纲要，环保工作零散而被动，环保工作没有抓手。省级生态环保相关专项规划体系不合理，部分专项规划先出台，影响了总体规划的内容。不少地方反映，由于工作目标导向调整，重金属等部分专项规划进退两难、不知道如何推进相关工作，一些单项工作性规划无法印发，通过规划统一思想、凝练项目、推进工作的设想落空。

为落实生态环境空间要求，生态环境保护空间规划尚需加强。目前，环境空间数据基础薄弱，污染源、风险源、敏感目标、各类保护区、功能区空间定位不准确、边界范围不清晰，难以实现与城市规划、土地规划等"多规合一"的精细化匹配。我国环境空间管控制度还相对混乱，生态保护红线划定和环境功能区划均发布了技术指南，二者之间的关系尚不清晰，实践操作上也存在一定技术难度。此外，各地均开展了水环境功能区划、大气环境功能区划，单要素的环境功能区

划与环境功能区划如何衔接，出现了不同方案。总体上来看，生态环境保护空间规划尚存在法律性地位不足、机制不健全、沟通渠道缺乏等问题。

（4）技术支撑弱化

目前，还没有形成健全的生态环境保护规划编制制度与技术规范体系，生态环境保护规划编制技术标准、导则、规范缺失，生态环境空间管控基础平台与能力十分薄弱。

省级及以下技术支撑力量增长不大。据了解，省级规划财务处人员包括财务会计等人员大部分不足 6 人，地市规划财务科室的不超过 4 人，长期稳定跟踪规划编制和实施的人员往往仅 1 人，有的地市没有专职规划管理人员，基层环境规划管理人员普遍严重不足。同时，省级及以下环境规划编制与管理缺乏稳定的技术支撑队伍。由于规划编制实施需要长期性、延续性跟踪，北京这几年购买的第三方服务很多，但成效非常有限，原因就是规划编制研究第三方市场混乱、难以掌控。河北环科院体制改革之后，规划所仅 1 名固定人员，与天津、山东、山西、甘肃、南京等具有稳定的规划院所能给予的支持相比，河北省规财处认为规划的工作效果是有很大差距的。

环境规划与管理学科发展不尽如人意，人才储备不足。环境规划与管理学科交叉性、应用性强，环境规划技术方法研究是环境规划研究领域最活跃的部分，但对于理论体系的研究较少。目前虽然有不少专家从不同领域提出不同的理论，但缺乏统一的理论框架，各种环境规划的理论与理论之间、方法与方法之间、理论与方法之间的衔接性与兼容性差，缺乏对环境规划全过程的认知、分析和解释。现在环境规划的研究范围只局限在规划的制订上，至于怎样促使规划实施、用什么手段实施，则很少有这方面的研究。对规划制订过程的研究也多是偏重于局部内容的研究，对规划系统性的研究较少，在规划的理论基础研究、规划方法和规划内容的有机结合等方面研究尤其不足。环境规划人才培养形势不容乐观，环境规划学是综合性、应用性较强的学科，硕士、博士培养数量有限，不似科研技术及基础理论等学科领域易于发表文章，环境规划专业论文发表及人才培养存在先天劣势。

2

生态环境规划体系与类型

近年来，随着国家生态环境保护各项战略的积极推进，生态环境规划体系得到迅速发展和提升。"十一五"期间，环境规划的"纵—横"体系趋于完整。横向体系基于环境要素角度划分，包括水、大气、生态、固体废物、噪声环境规划等；纵向体系是基于研究层级、周期长短或者尺度来进行划分，包括战略性规划、目标性规划、空间规划、创建规划、达标规划和行动计划等环境规划研究。

2.1 战略性规划

生态环境保护战略性规划是指落实党中央、国务院关于生态环境保护的重大战略思想，对重大的、全局性的、基本的、未来的生态环境保护目标、任务的谋划。战略性规划的理念超前、规划期限长、创新性强、探索意义重大，规划编制时应用总览全局的战略眼光，全面把握经济建设、政治建设、文化建设、社会建设、生态文明建设过程中生态环境领域相关工作的大方向、总目标；立足全局、着眼未来，从宏观上考虑问题；规划长远目标与确定近期任务紧密结合，同时要体现战略性规划的预见性。

2.1.1 "美丽杭州"建设战略研究

党的十八大把生态文明建设纳入"五位一体"总体布局，明确提出了建设美丽中国的战略目标。2013 年，杭州市委、市政府为贯彻党的十八大精神，提出建设"美丽杭州"。由此，《"美丽杭州"建设战略研究》正式编制，同时形成了《美丽杭州建设实施纲要（2013—2020年）》及《美丽杭州建设三年行动计划（2013—2015 年)》。

该研究视野宏阔、内容丰富，比较系统地论述了"美丽杭州"建设的样本意义，界定了"美丽杭州"的内涵与外延，分析了"美丽杭州"建设面临的问题与挑战，明确了"美丽杭州"建设战略目标、战略重点、战略路径和战略任务，提出了推进"美丽杭州"建设的政策机制保障。理论性、指导性、针对性强，对"美丽杭州"建设起到

了重要的理论指导和支撑作用，为杭州建设美丽中国先行区提供了重要决策依据。

该研究是继党的十八大提出建设美丽中国后，率先在全国开展的美丽城市（区域）研究，通过杭州个案研究，探索"美丽杭州"建设对美丽城市、美丽中国建设的样本意义，由地方层面上升为全国层面意义的研究，在全国和全省尚属首次，具有以下创新性。①理论探索创新。系统研究了美丽城市（城乡、区域）概念的内涵与外延，构建了美丽城市（城乡、区域）建设的理论体系，具体形成了"美丽杭州"的目标定位、战略任务、建设路径，为美丽中国的内涵目标、建设路径、制度设计进行了前瞻性的理论探索，具有重要的样本意义。②实践指导创新。提出了"美丽杭州"建设的总体要求、重点举措和保障机制，特别是明确了"美丽杭州"建设近期（到 2015 年）、中期（到 2020 年）、远期（到 2030 年）的阶段步骤和具体任务，提出了"九大行动"计划，为美丽杭州建设提供了路线图、责任制、操作表，具有鲜明的路径指导性。③示范借鉴创新。"美丽杭州"建设研究与实践的先行先试，对经济发达、城乡兼备、处于发展转型阶段的大城市如何加快转型、创新推动经济社会与生态环境协调发展提供路径启示和经验借鉴。④社会参与机制创新。设计了"美丽杭州"推进载体，围绕发现美、推广美、共建美、提升美，组织专家、企业、媒体、市民等社会各界，通过推荐、讨论、点评、体验、发布，总结典型案例、展示美丽样本、推广美丽理念、主动建设实践，推动各行各业、各个层面、各类群体的积极参与，在全社会形成了共建共享"美丽杭州"的浓厚氛围和良好机制。

2.1.2 浙江（衢州）"两山"实践示范区建设规划

"绿水青山就是金山银山"（以下简称"两山"理念）是习近平生态文明思想的重要组成部分。"两山"理念发源于浙江、实践在浙江，深刻揭示了发展与保护的本质关系，更新了关于自然资源的传统认识，是发展理念和方式的深刻转变，也是执政理念和方式的深刻转变。2017 年，衢州市第七次党代会提出要坚定不移走"绿水青山就是金山银山"绿色发展道路，奋力推进"绿水青山就是金山银山"的衢州实践。为此，编制《浙江（衢州）"两山"实践示范区建设规划》（以下简称《规划》）。

《规划》的总体考虑是：深入贯彻落实习近平生态文明思想，将习近平总书记在全国生态环境保护大会上的重要讲话精神全面贯彻落实，将习近平总书记对生态文明顶层设计和制度体系设计作为《规划》的主线，将发展方式、治理体系、思维观念等作为切入点，主要建立五个体系，即建立健全以生态价值观念为准则的生态文化体系，以产业生态化和生态产业化为主体的生态经济体系，以改善生态环境质量为核心的目标责任体系，以治理体系和治理能力现代化为保障的生态文明制度体系，以生态系统良性循环和环境风险有效防控为重点的生态安全体系。通过五个体系的建立，建立"绿水青山"与"金山银山"的转化平台，打通转化通道，实现衢州生态美、生产美、生活美、人文美、制度美。

《规划》作为全国首个"两山"实践规划，具有以下创新点。①打通一个通道，就是要打通衢州"绿水青山"向"金山银山"的转化通道，不仅要做到护美绿水青山、共享绿水青山，同时要激活万水千山、做大金山银山。《规划》从五大任务体系和一大转化平台着手，研究了如何打通两山的转化通道。②建立了体现"两座山"的指标体系，《规划》分析"绿水青山"和"金山银山"的具体内容及其之间的数理逻辑关系，强调"绿水青山"向"金山银山"的转化，建立了"两山指数"评价体系，其中又包含"绿水青山指数"和"金山银山指数"2个分指数。③提出打造"五美五区"，《规划》从全国、浙江省的发展要求和生态环境保护战略层面，提出全面建设"五美五区"

的总体目标，即以生态美建设，打造浙江生态屏障保护区；以生产美建设，打造"两山"转化样板区；以生活美建设，打造幸福民生体验区；以人文美建设，打造绿色风尚示范区；以制度美建设，打造全国生态文明改革综合试验区。④提出了差异化的"两山"实践模式，衢州两区一市三县自然资源禀赋与发展基础各不相同，"两山"推进模式与实现路径也存在差异，该《规划》以县级为基础，提出了6个区（市、县）各具特色的"两山"实践模式，对于我国其他地区实现"两山"转化，具有很强的示范意义和推广意义。

2.1.3　河北雄安新区生态环境保护规划

河北雄安新区是以习近平同志为核心的党中央做出的一项重大历史性战略选择，是千年大计、国家大事。新区设立近2年来，党中央、国务院先后发布了《河北雄安新区规划纲要》《中共中央　国务院关于支持河北雄安新区全面深化改革和扩大开放的指导意见》，国务院批复了《河北雄安新区总体规划》（以下简称《总规》），编制完成了一系列专项规划，形成了由规划纲要、4个综合性规划和26个专项规划组成的"1+4+26"雄安新区的规划体系。《雄安新区生态环境保护规划》（以下简称《规划》）是26个专项规划中之一，重点在

于贯彻落实规划纲要，以生态优先、绿色发展为基本原则，细化纲要中"打造优美自然生态环境"章节，从生态格局构建、环境质量改善、绿色低碳发展、治理能力提升、机制体制创新等方面指导雄安新区今后一段时期的生态环境保护。

《规划》坚持世界眼光、国际标准、中国特色、高点定位，坚持生态优先、绿色发展，确立了新区建设世界标杆绿色新区的战略定位。

三项核心任务：一是定格局，明确新区建设的生态空间（面积占比约52%）、生态安全格局（连山通海的区域生态安全格局和"一淀、三带、九片、多廊"的新区生态空间格局）、生态保护红线（先期划定约 96 km²）。以白洋淀及周边"淀水林田草"生态系统保护与修复和城市生态设施建设筑牢新区生态安全格局。二是补短板，以改善环境质量为核心，高标准提出水、大气、土壤污染防治和环境风险，以及固体废物处置等治理措施。水环境以白洋淀水质为核心，上游、淀区、下游统筹治理，确立入淀河流水质水量底线，淀区、城区、纳污坑塘与地下水污染全面治理，协同推进流域治理。大气环境实施新区"零污染产业""零燃煤""零裸地""零重柴油车"的"四近零措施"。开展土壤污染源排查整治，实施耕地分类管理和建设用地准入管理。三是建新城，高标准建设绿色低碳智能宜居新城，推动形成绿色发展与生活方式，推进实施生态体系建设、生态系统保护、环境污染治理等重点任务。

两项重要支撑：一是创新机制，大胆创新生态文明制度，实施生态环境统一管理。建立健全生态环境法规制度、市场机制、社会共治体系。二是区域协同，发挥新区生态环境治理区域协同带动作用，通过白洋淀综合治理协同推动流域治理恢复，通过新区产业、能源、交通、用地结构调整协同带动周边区域大气环境统筹治理，通过建设区域智能环保监管监测平台，打造新区环保优质服务能力，推动建立流域区域协同治理机制。

《规划》作为战略性生态环境保护规划，与雄安新区总体规划同步编制、同步报批、同步实施、同套底图，实现了生态环境保护规划在规划编制方式、理念和空间管控上的融合创新。

2.2 目标性规划

目标性生态环境保护规划是为保护和改善环境、促进环境与经济社会协调发展，在一定时期内国家或地方政府及有关行政主管部门，对生态环境保护目标与措施所做出的安排。目标性规划是国家和省级主要的生态环保规划类型，以五年综合规划为统领、各专项为支撑，是我国生态环境政策措施落实的主要手段。其中，五年规划是指以五年为周期的针对大气、水、生态、固废、土壤、核与辐射安全等要素或领域的生态环境保护规划，是环境保护规划体系的重要支撑。

2.2.1 目标性生态环境保护规划的规划原则

一是全面考虑经济、社会发展的水平、趋势和环境问题的现状及变化趋势，既要看到控制环境污染的有利条件，也要估计到环境问题的复杂性和面临的困难，力求把环境规划建立在实事求是、积极可靠的基础上。

二是依据生态学理论和经济社会发展规律，正确处理开发建设与环境保护的辩证关系。

三是坚持以防为主、防治结合的方针，全面规划、合理布局、突出重点、兼顾一般，实施环境的综合整治，制定有利于经济、社会、环境协调发展的最佳环境保护投资比例。

四是坚持自然资源的合理开发利用与保护、增殖并重。

五是制定措施，坚持目标导向、问题导向、任务导向；在任务措施上，强调综合分析、整体优化、系统管理。

2.2.2 我国环境保护综合规划与专项规划

自"八五"时期开始，国家环境规划体系逐渐完善，至今国家层面编制了百余项规划，综合规划与专项规划形成了"错位发展、各司其职、相辅相存"的格局（表 2-1 至表 2-6）。

表 2-1 "八五"期间环境保护综合规划与专项规划

时间	规划名称	批准印发部门	特点
1992	国家环境保护十年规划和"八五"计划纲要	国家环境保护局	环境保护从各个层次纳入国民经济和社会发展规划，注重环境保护与经济、社会协调发展，从污染治理计划转向到污染防治计划
1994	中国环境保护行动计划（1991—2000 年）	国家环境保护局	
1992	全国城市环境综合整治十年规划和"八五"计划	国家环境保护局、建设部	
1990	全国自然保护区与物种保护十年规划和"八五"计划	国家环境保护局	
1991	全国海洋环境保护十年规划和"八五"计划	国家环境保护局	环境保护从各个层次纳入国民经济和社会发展规划，注重环境保护与经济、社会协调发展，从污染治理计划转向到污染防治计划
1991	全国放射环境管理十年规划和"八五"计划	国家环境保护局	
1991	全国环境噪声污染防治"八五"计划和十年规划纲要	国家环境保护局	

中国环境规划政策绿皮书
中国生态环境规划发展报告（1973—2018）

表 2-2 "九五"期间环境保护综合规划与专项规划

时间	规划名称	批准印发部门	特点
1996	国家环境保护"九五"计划和 2010 年远景目标	国务院批准，国家环保局、国家计委、国家经贸委联合印发	首次由国务院批准实施，采用了"质量—总量—项目—投资"四位一体的技术路线，颁布了"三河三湖"流域水污染防治规划
1996	"九五"期间全国主要污染物排放总量控制计划	"九五"计划的附件	
1996	中国跨世纪绿色工程规划（第一期）	"九五"计划的附件	
1998	全国生态环境建设规划	国务院印发	
1996	淮河流域水污染防治规划及"九五"计划	国务院批准	
1998	太湖水污染防治"九五"计划及 2010 年规划	国务院批准	
1998	滇池水污染防治"九五"计划及 2010 年规划	国务院批准	
1999	海河流域水污染防治规划	国务院批准	
1999	辽河流域水污染防治"九五"计划及 2010 年规划	国务院批准	
1994	中国生物多样性保护行动计划	国家环保局、计委等 13 个部委	
1997	中国自然保护区发展规划纲要（1996—2010 年）	国家环保局、计委	

表 2-3 "十五"期间环境保护综合规划与专项规划

时间	规划名称	批准印发部门	特点
2001	国家环境保护"十五"计划	国务院批准,国家环保总局、国家计委、国家经贸委、财政部联合印发	以控制污染物排放总量为主线,坚持污染防治与生态保护并重。"十五"计划规定的污染物排放总量目标没有完成
2001	"十五"全国污染物排放总量控制计划	"十五"计划附件	
2002	国家环境保护"十五"重点工程项目规划	"十五"计划附件	
2001	渤海碧海行动计划（2001—2015 年）	国务院批准	
2000	全国生态环境保护纲要	国务院印发	
2001	太湖水污染防治"十五"计划	国务院批准	
2002	巢湖流域水污染防治"十五"计划	国务院批准	
2003	滇池流域水污染防治"十五"计划	国务院批准	
2003	淮河流域水污染防治"十五"计划	国务院批准	
2003	海河流域水污染防治"十五"计划	国务院批准	

时间	规划名称	批准印发部门	特点
2003	辽河流域水污染防治"十五"计划	国务院批准	以控制污染物排放总量为主线，坚持污染防治与生态保护并重。"十五"计划规定的污染物排放总量目标没有完成
2003	南水北调东线治污规划（2001—2010 年）	国务院批准	
2001	三峡库区及其上游水污染防治规划（2001—2010 年）	国家环境保护总局	
2002	两控区酸雨和二氧化硫污染防治"十五"计划	国家环境保护总局	
2004	全国危险废物和医疗废物处置设施建设规划	国家环境保护总局	
2001	国家环境保护总局关于开展环境法制宣传教育的第四个五年规划	国家环境保护总局	

表 2-4 "十一五"期间环境保护综合规划与专项规划

时间	规划名称	批准印发部门	时间	规划名称	批准印发部门
2007	国家环境保护"十一五"规划	国务院印发	2007	全国农村环境污染防治规划纲要（2007—2020 年）	国家环境保护总局
2006	"十一五"期间全国主要污染物排放总量控制计划	国务院批复	2010	中国生物多样性保护战略与行动计划（2011—2030 年）	环境保护部

56

时间	规划名称	批准印发部门	时间	规划名称	批准印发部门
2006	松花江流域水污染防治"十一五"规划	国务院批准	2008	国家酸雨和二氧化硫污染防治"十一五"规划	国家环境保护总局
2008	太湖流域水环境综合治理总体方案	国务院批准	2006	国家环境保护"十一五"科技发展规划	国家环境保护总局
2006	丹江口库区及上游水污染防治和水土保持规划	国务院批准	2007	国家环境保护重点实验室"十一五"专项规划	国家环境保护总局
2008	淮河流域水污染防治规划（2006—2010年）	环保部、发改委、水利部、住建部	2007	国家环境保护工程技术中心"十一五"专项规划	国家环境保护总局
2008	海河流域水污染防治规划（2006—2010年）	环保部、发改委、水利部、住建部	2007	国家环境技术管理体系建设规划	国家环境保护总局
2008	辽河流域水污染防治规划（2006—2010年）	环保部、发改委、水利部、住建部	2006	"十一五"国家环境保护标准规划	国家环境保护总局
2008	巢湖流域水污染防治规划（2006—2010年）	环保部、发改委、水利部、住建部	2007	国家环境与健康行动计划（2007—2015年）	卫生部

中国环境规划政策绿皮书
中国生态环境规划发展报告（1973—2018）

时间	规划名称	批准印发部门	时间	规划名称	批准印发部门
2008	滇池流域水污染防治规划（2006—2010年）	环保部、发改委、水利部、住建部	2005	"十一五"全国环境保护法规建设规划	国家环境保护总局
2008	黄河中上游流域水污染防治规划（2006—2010年）	环保部、发改委、水利部、住建部	2006	关于开展环境法制宣传教育的第五个五年规划	国家环境保护总局
2008	三峡库区及其上游水污染防治规划	环境保护部	2008	国家环境监管能力建设"十一五"规划	国家发展改革委
2006	国家农村小康环保行动计划	国家环境保护总局	2007	全国城市生活垃圾无害化处理设施建设"十一五"规划	国家发展改革委
2006	全国生态保护"十一五"规划	国家环境保护总局	2007	现有燃煤电厂二氧化硫治理"十一五"规划	国家发展改革委
2007	国家重点生态功能保护区规划纲要	国家环境保护总局	2007	能源发展"十一五"规划	国家发展改革委
2007	全国生物物种资源保护与利用规划纲要	国家环境保护总局	2005	铬渣污染综合整治方案	国家发展改革委、国家环保总局

58

表 2-5 "十二五"期间环境保护综合规划与专项规划

时间	规划名称	批准印发部门	时间	规划名称	批准印发部门
2011	国家环境保护"十二五"规划	国务院印发	2011	国家环境监测"十二五"规划	环境保护部
2012	节能减排"十二五规划	国务院印发	2011	"十二五"全国环境保护法规和环境经济政策建设规划	环境保护部
2012	"十二五"节能环保产业发展规划	国务院印发	2011	环境影响评价"十二五"规划	环境保护部
2011	重金属污染综合防治"十二五"规划	国务院批准	2012	全国主要行业持久性有机污染物污染防治"十二五"规划	环境保护部
2011	长江中下游流域水污染防治规划（2011—2015 年）	国务院批准	2012	全国农村环境综合整治"十二五"规划	环境保护部
2011	全国地下水污染防治规划（2011—2020 年）	国务院批准	2012	"十二五"危险废物污染防治规划	环境保护部
2012	重点流域水污染防治规划（2011—2015 年）	国务院批准	2011	全国畜禽养殖污染防治"十二五"规划	环境保护部
2012	丹江口库区及上游水污染防治和水土保持"十二五"规划	国务院批准	2013	全国生态保护"十二五"规划	环境保护部

时间	规划名称	批准印发部门	时间	规划名称	批准印发部门
2012	重点区域大气污染防治"十二五"规划	国务院批准	2013	化学品环境风险防控"十二五"规划	环境保护部
2012	核安全与放射性污染防治"十二五"规划及2020年远景目标	国务院批准	2013	国家环境保护标准"十二五"发展规划	环境保护部
2012	"十二五"全国城镇生活垃圾无害化处理设施建设规划	国务院办公厅	2013	环境国际公约履约"十二五"工作方案	环境保护部
2012	"十二五"全国城镇污水处理及再生利用设施建设规划	国务院办公厅	2013	国家环境监管能力建设"十二五"规划	环境保护部
2010	中国生物多样性保护战略与行动计划（2011—2030年）	环境保护部	2014	全国生态保护与建设规划（2013—2020年）	国家发展改革委联合环境保护部等其他部门
2011	生态环境保护人才发展中长期规划（2010—2020年）	环境保护部	2011	全国城市饮用水卫生安全保障规划（2011—2020年）	卫生部联合环境保护部等其他部门
2011	国家环境保护"十二五"科技发展规划	环境保护部	2011	国家能源科技"十二五"规划（2011—2015年）	国家能源局
2011	国家环境保护"十二五"环境与健康工作规划	环境保护部	2012	废物资源化科技工程"十二五"专项规划	科技部联合环境保护部等其他部门

表2-6 "十三五"期间环境保护综合规划与专项规划

时间	规划名称	批准印发部门	时间	规划名称	批准印发部门
2016	"十三五"生态环境保护规划	国务院印发	2017	全国农村环境综合整治"十三五"规划	环境保护部联合其他部门
2013	大气污染防治行动计划	国务院印发	2017	国家环境保护"十三五"环境与健康工作规划	环境保护部联合其他部门
2015	水污染防治行动计划	国务院印发	2017	核安全与放射性污染防治"十三五"规划及2025年远景目标	环境保护部联合其他部门
2016	土壤污染防治行动计划	国务院印发	2017	国家环境保护标准"十三五"发展规划	环境保护部联合其他部门
2016	"十三五"节能减排综合工作方案	国务院印发	2016	全国环保系统"十三五"对口援疆规划	环境保护部
2017	重点流域水污染防治规划（2016—2020年）	环境保护部联合其他部门	2016	全国环保系统"十三五"对口援藏规划	环境保护部
2016	全国生态保护"十三五"规划纲要	环境保护部联合其他部门	2015	京津冀协同发展生态环境保护规划	环境保护部联合其他部门

61

时间	规划名称	批准印发部门	时间	规划名称	批准印发部门
2016	全国城市生态保护与建设规划（2015—2020 年）	环境保护部联合其他部门	2017	长江经济带生态环境保护规划	环境保护部联合其他部门
2016	国家环境保护"十三五"科技发展规划纲要	环境保护部联合其他部门	2017	"一带一路"生态环境保护规划	环境保护部

2.3 空间规划

生态环境保护空间规划是把握人口、经济、资源环境的平衡点推动发展，人口规模、产业结构、增长速度不能超出当地水土资源承载能力和环境容量，将生态环境保护目标与任务举措落实到空间上的规划。构建以空间规划为基础、以用途管制为主要手段的国土空间开发保护制度是生态文明体制改革的重要目标，推进空间规划"多规合一"是党的十八届三中、五中、六中全会明确的重要改革任务，环境保护是参与"多规合一"的重要领域。

近年来，生态环境部门以生态保护红线为重要手段，积极参与"多规合一"进程，生态环境部在推动环境功能区划确定、生态保护红线划定、资源环境承载力预警、环境网格化管理探索等方面取得了一系列成果，尤其在地市层面推进力度大，初步探索了生态环境保护空间管控、底线管控的技术方法和管理思路，积累了丰富的经验。

2.3.1　城市环境总体规划试点

城市环境总体规划是落实党中央、国务院关于生态文明建设、促进新型城镇化发展、提高城市规划管理水平的具体举措。根据《国家环境保护"十二五"规划》（国发〔2011〕42 号）、《大气污染防治行动计划》（国发〔2013〕37 号）开展城市环境总体规划编制试点的要求，环境保护部分三批启动了 28 个城市环境总体规划编制试点。城市环境总体规划经过五年的实践与探索，技术方法和规划框架体系逐步形成，为环境规划参与"多规合一"提供了大量经验。

（1）城市环境总体规划试点内容探索和技术创新成效

规划内容上，理顺了空间、摸清了承载，城市环境保护的约束性要求逐渐被系统化提出。宜昌、广州等城市探索建立了一套"环境功能定位—环境资源承载调控—环境空间管控—环境质量改善—环境风险分区管控"的技术方法和规划框架体系，统筹相关生态环境空间管控要求，划定生态保护红线，保护城市内部生态敏感区、脆弱区与重要区不受侵占，留出城市通风廊道、清水通道等生态用地，为城市发

63

展边界的界定、产业空间合理布局、生态安全系统维护等提供环境空间指引。

专栏2-1 典型试点城市环境总体规划编制思路

各试点城市基本形成了以环境空间管控、环境承载调控等内容为主要脉络的规划内容体系。将城市放置工业化、城镇化发展的背景下，放置于国家、区域、流域的空间尺度去分析城市环境经济形势，识别城市应首先维护的环境功能，开展大气、水、生态的环境系统解析，识别大气、水、生态环境的高敏感、高功能、高重要区域，开展大气、水、土地等资源环境的承载力评估，从空间、承载两个角度，形成生态保护红线、资源开发底线、污染排放上限等环境保护底线性要求，建立环境系统引导经济发展的框架思路。

技术思路上，探索了全要素、全域化、系统性的生态环境空间保护思路，实施生态环境的系统性保护。环境总体规划的管控体系，在生态保护红线的基础上，扩展延伸为涵盖大气、水、近岸海域等要素、领域，对全域的生态环境系统实施分级、分类、分区管理的空间管控

64

体系。

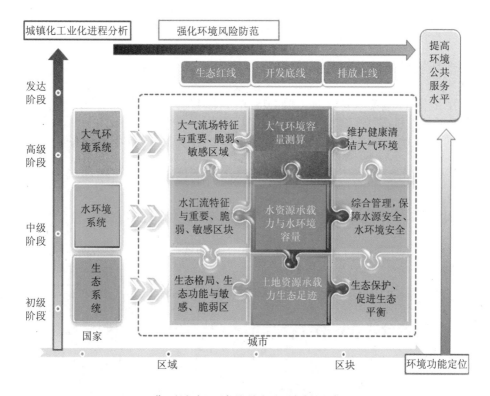

典型城市环境总体规划编制思路

技术创新上,突破了大气、水的网格化分析与管控技术,探索了环境保护的精细化管理途径。部分试点城市在环境总体规划编制过程中,探索以大气公里网格、精细水控制单元、土地利用斑块作为基础的环境空间评价管理尺度,开展基于环境重要性、敏感性、脆弱性的环境系统功能解析,以及环境承载力和环境质量改善路径的分析,

65

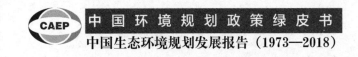

为环境精细化、清单式管理奠定基础。

数据平台上，整合建立基于大比例尺的环境空间信息数据库，实现环境经济数据的空间关联。广州、福州、威海、长吉产业创新发展示范区等城市（区），采用 GIS 空间信息技术，建立全域 1∶10 万基础地理信息数据库、部分区域 1∶1 万乃至 1∶5 000 地理信息数据库。威海市将环境总规数据库与城规部门 1∶1 000 测绘地形图进行空间匹配，实现 CAD 测绘地形与 GIS 空间数据无缝衔接。

（2）城市环境总体规划试点应用管理成效

规划实施上，开发环境总规实施管理信息平台，推动环评审批简化及实施公共监督。宜昌、广州、威海等城市开发环境总规实施管理信息平台，集成污染源、监测点、工业企业等环境基础信息，以及生态保护红线、大气、水环境管控分区等方案成果，构建信息系统平台，将生态红线、水和大气的空间管束要求落实到各个部门、区县，实现管控内容与管控要求的精细化落地，并集成为电脑版软件及手机版 APP，面向其他部门和公众公开，作为综合决策、规划会商、环评审批、项目选址等的基础依据。

规划衔接上，集成环境保护约束性内容，搭建环境保护系统参与"多规合一"的对接平台。宜昌、广州、青岛、大连等城市意识到，与规划和国土部门相比,环保管理制度与基础信息碎片化、空间规划不落地极大地阻碍了环境参与宏观决策、参与"多规合一"。因此在规划编制中,逐步形成共识,将生态环境的功能分区、保护区分布、控制单元、污染源分布、监测断面点位、工业园区、环境风险源、重要受体等基础信息逐步集成到环境总规的数据平台,支撑规划科室划定生态保护红线和环境空间管控区,制定有针对性和差异性的管控对策。在参与"多规合一"时,进一步将各生态保护红线斑块、各水气管控单元的环境状况与环境管控要求明确提出来,供城市布局、资源开发和项目建设遵循参考。

图 2-1 宜昌市环境总体规划平台总体界面

环境管理上，搭建基于网格或控制单元的环境管理平台，为环境保护精细化管理奠定基础。环境总体规划对区域生态、大气、水、土壤等环境的结构、过程、功能进行系统评估解析，确立生态保护红线、环境质量底线、环境资源上线等环境约束性条件；探索突破以控制单元、土地斑块等空间载体为管理单元的环境质量管控难题，搭建环境管理基础平台，破解环境管理粗放、空间规划不落地、相互不关联的难题，服务于环境保护的系统化、精细化、空间化管理，落实好"五化"管理的基础性平台。

政策过渡上，为生态环境部区域环境评价制度与深改组空间规划改革提供基础。推进空间规划"多规合一"是党的十八届三中、五中全会明确的重要改革任务。生态环境部为充分发挥环境保护在空间规划"多规合一"工作中的作用，将以区域环境评价为平台，以"生态保护红线、环境质量底线、资源利用上线和环境准入负面清单"为手段，实现优化空间布局、有效配置资源、提高政府空间管控。

环境总体规划通过试点逐步探索形成了生态保护红线细化落地、大气和水环境空间分级管控、资源环境承载力优化调整等关键技术，为下一步生态环境部开展区域环境评价、系统参与空间规划"多规合一"奠定了良好基础。

2.3.2 "三线一单"试点

2017 年 6 月环境保护部印发了《关于印发〈"三线一单"试点工作方案〉的通知》（环办环评函〔2017〕894 号），正式启动连云港、济南、鄂尔多斯、承德 4 个城市"三线一单"试点工作。各试点城市积极参与"多规合一"，推动"三线一单"成果转化与应用。

连云港市将生态保护红线、生态岸线、环境管控单元制定形成《连云港市生态环境管理底图（试行）》，明确了生态保护红线以及基于空间的差异化环境管理的要求，作为环保参与"多规合一"的重要底图和依据，文件由连云港市政府办发布实施。济南市"三线一单"成果与国土、规划等部门共用空间基础底图。在"三线一单"划定过程中，多次征求各委办局、各区县意见，积极参与"多规合一"进程。济南市各类优先保护区、重点管控区等"三线一单"空间管控成果的矢量文件已经提交市规划局、南部山区管理委员会，作为环境保护参与"多规合一"的基础性平台。

技术方法方面，对于生态保护红线划定，各试点城市均按照《生态保护红线划定指南》等文件要求，与试点城市生态保护红线划定相关工作相衔接，综合确定生态保护红线划定方案。对于生态空间识别，目前根据试点城市部门职能的差异性，市发改委、规划局、环保局等部门均在从不同角度探索生态空间划定的技术思路与技术方法，各部门生态空间划定的技术方法尚不统一。济南市按照指南要求，考虑生态系统的完整性与稳定性，综合划定生态空间。

2.4 创建规划

2.4.1 环保模范城创建规划

国家环境保护模范城是根据《国家环境保护"九五"计划和2010年远景目标》而提出的。自1997年起，在全国开展了创建国家环境保护模范城市活动（以下简称创模），目的就是要"建成若干个经济快速发展、环境清洁优美、生态良性循环的示范城市"，树立一批经济、社会、环境协调发展的城市典范，探索城市实施可持续发展战略的有效途径。

创模将制订规划放在了十分重要的位置。创模规划是为实现国家环保模范城市考核指标而制订的一种规划，这种规划的时限一般在5年以内，可操作性强；是由市政府组织实施的规划，而不是部门规划。创模规划将城市社会发展规划、城市环境规划（或生态规划）和城市规划在一定时限内有机地结合起来,创模规划是考核政府业绩的依据,是指导创模工作指导文件,也是落实环境与社会经济发展的依据。因此,创模城市的政府十分重视创模规划的制订和实施,同时也体现了市委、市政府在城市环境保护中的核心作用。为有效指导和规范各城市创模规划的编制工作、提高创模工作效益,同时为创模工作的考核和管理提供依据,原国家环保总局制定了《国家环境保护模范城市规划编制纲要》。申请创模城市应按照《国家环境保护模范城市规划编制纲要》的要求,与城市相关社会经济发展规划、城市环境质量全面达标规划,以及城市环境容量测算等工作相结合,由城市政府组织、相关部门参加、科研单位的技术支持,共同制订创模规划。

创模规划的编制按照国家环境保护模范城市的标准,兼顾与城市总体发展规划以及其他已有的社会、经济、环境规划的关系,结合城市环境综合整治规划,以推动城市环境基础设施建设、解决城市突出的环境问题、实现环境保护模范城市目标为主线,加强城市环境管理,促进城市经济结构和产业结构的战略性调整,实现城市经济、社会与环境保护"共赢"发展。

创模规划的基本结构及编制程序主要包括以下内容或步骤:

①全面分析城市社会经济发展和环境保护的现状与趋势。

②分析城市发展状况与模范城市考核标准的差距，分析创模工作的可行性。

③确定创模规划目标，比较创模规划目标与城市总体发展规划以及其他已有的各种规划目标之间的相互关系。

④根据创模规划的总体目标和阶段目标，确立创模的主要任务、工作机制。

⑤围绕实现创模规划目标和落实主要任务，进一步制订专项规划。

⑥针对专项规划制定详细的重点工程方案、投资方案和保障措施，形成行动计划。

⑦对创模规划进行预期效益评价。

⑧获取"模范城市"荣誉称号后的持续改进计划。

将上述八项中的所有内容编写成一个完整的创模规划文本。

创模规划目标包括总体目标和阶段目标。总体目标是指按照创模标准，促进城市社会经济的发展、实行环境与经济综合决策、提高市民环境意识、推进城市可持续发展战略实施的目标要求。总体目标应体现出创模是实现环境与社会经济"共赢"发展的特点和优势。阶段目标是指根据国家环境保护模范城市考核指标要求，将总体目标按工作内容和时间进度分解、在一定的时间期限内努力达到的目标。根据城市社会经济和环境保护发展的水平和特点,阶段目标也可以多于和高于国家环境保护模范城市的考核指标和要求。在确定创模规划目标的过程中要清晰地阐述创模规划及目标与城市总体发展规划、城市国民经济和社会发展规划、城市环境保护规划和城市环境综合整治规划及其目标的关系,处理好相互间的促进关系。

根据创模规划目标,按城市社会经济和环境保护工作领域分解目标,阐述实现目标的主要任务。为了落实创模规划的主要任务,需要进一步制订专项规划。专项规划一般分为社会经济发展、城市环境污染控制(包括大气污染防治、水污染防治、固体废物处理、噪声污染控制等)、生态建设、城市环境基础设施建设等专项规划。根据各城市所面临的环境问题和发展阶段的不同,专项规划的类型、数目和具体内容可以有所不同。

创模规划需要与相关流域区域规划、城市环境质量全面达标规划,以及环境容量测算工作结合起来。以创模为抓手,加快重点流域、区域和城市的污染防治工作,改善区域环境质量。

创模规划是指导城市人民政府有效开展创模工作的总体部署和城市开展各项创建工作的依据,同时也是国家环境保护总局对模范城

市进行考核和复查的重要依据。截至2012年，有87个城市创建了环保模范城，国家环境保护模范城市（区）成为当时我国城市（区）环境保护的最高荣誉，被称为含金量最高的一张"城市名片"，获此荣誉的城市（区）都因此获得了一笔巨大的"无形资产"。国家环境保护模范城市反映了我国不同类型城市的可持续发展水平，体现了我国不同发展阶段城市化发展的方向，为推进我国城市化的健康发展提供了成功经验，而环保模范城创建规划在其中起到了顶层设计的作用。

与以往环保部门一厢情愿编制规划相比，创模规划至少有三点突破：一是由政府牵头、相关部门参加、共同制定。这个组织结构是制定总体发展规划的必要前提，创模规划的主体是政府，而不是环保部门，从"我要做"到"要我做"，有着本质的区别。二是创模规划是在环境保护的原则下制定的，当地经济社会的发展要在环境容量允许的情况下，在环境质量全面达标的情况下来完成。创模规划非常好地诠释了经济社会和环境保护协调发展的理念。三是创模规划制定出来是为了照着做的，而不是摆样子的。因为创模工作在指标、考核、程序等方面都有着具体和明确的要求，政府对创模又提出了时限，所以创模规划是一个实之又实的规划。

专栏 2-2　成都国家环保创模规划案例

　　成都在 2002 年年初决定开展创建国家环境保护模范城市活动，建立了规划先导机制，以提高创模整体水平。

　　首先，制定创模总规和行动计划、明确创模目标。成都坚持把规划作为龙头，力求高质量、高起点制订规划，用规划指导全市的各项创模活动。创模启动前，组成了专门课题组，对城市的发展方向和定位进行了专题研究。2002 年 4 月，制定了《成都市绿色环保新世纪行动纲领》（创模总体规划纲要）和宣传教育、社会经济、污染控制、自然生态保护与园林绿化 4 个创模行动计划，确定了"以创模活动为载体，改善环境质量和促进经济跨越式发展为出发点，环保基础设施建设为依托，科技进步为支撑，宣传教育为突破口，全面推进城市经济战略性调整，进一步优化城市功能和生产力布局，着力打造可持续发展城市新形象，加快扩大对外开放和招商引资步伐，努力提高公众生活质量"的创模工作指导思想，以及"力争用两年的时间，将成都初步建设成为经济快速发展、环境清洁优美、生态良性循环的国家环保模范城市，为跨越式发展和建设西部战略高地、率先基本实现现代化构建可持续发展平台"的创模工作总目标。同时，按照创模的考核标准，修订、完善成都市的环保总体规划，并纳入国民经济整体规划中推进实施。

> 其次，编制创模重点工程规划、明确创模任务。为确保创模工程科学、有序地推进，成都市编制了《成都市东郊工业企业结构调整规划》《成都市沙河综合整治规划》《成都市中心城水环境综合整治规划》《成都市中心城城市绿地系统规划》等一系列创模重点工程规划，严格按规划构建城市的绿地空间、水环境空间和发展空间，使城市建设步入良性发展的轨道。

2.4.2 生态省（市、县）创建规划

国家生态省（市、县）创建是由国家环境部门主导开展的一种生态城市创建类型。生态省（市、县）是以生态学和生态经济学为指导，经济社会和生态环境协调发展、各个领域基本符合可持续发展要求、以行政单元为界限的区域。2000 年，国家环境保护总局启动了生态省、市、县建设，2003 年首次制定了《生态县、生态市、生态省建设指标（试行）》，并在全国范围内推行；2013 年，为大力推动生态文明建设、落实生态文明建设战略，生态市（县）更名为生态文明建设示范市（县），指标体系也做了相应修改。

生态市（县）创建工作以地方政府为主体，国家制定创建指标体系。对于创建工作在全国生态文明建设中发挥示范引领作用、达到

相应建设标准并通过考核验收的市、县，原环境保护部按程序授予国家生态文明建设示范市（县）称号。生态省、市、县建设是地方政府落实科学发展观，促进区域经济、社会与环境协调发展的重大举措，是向生态文明最终目标迈进的基本模式和载体。

为贯彻落实中共中央、国务院关于加快推进生态文明建设的决策部署，鼓励和指导各地以国家生态文明建设示范区为载体，以市、县为重点，全面践行"绿水青山就是金山银山"理念，积极推进绿色发展，不断提升区域生态文明建设水平，原环境保护部制定了《国家生态文明建设示范区管理规程（试行）》（以下简称《管理规程》）和《国家生态文明建设示范县、市指标（试行）》。《管理规程》将规划作为首要要求提出，开展国家生态文明建设示范区创建的市、县、乡镇（以下简称创建地区）人民政府，应当参照规划编制指南，组织编制国家生态文明建设示范区规划（以下简称规划），乡镇根据实际情况也可编制建设方案。可见，编制国家生态文明建设示范区规划是开展国家生态文明建设示范区创建的前提和基础。

国家生态文明建设示范区规划要坚持目标导向、系统设计的基本方法，坚持统筹协调、突出重点的基本原则，坚持科学规划、易于实施的基本要求，要具有宏观指导性，作为开展国家生态文明建设示

范区创建的市、县、乡镇的阶段建设方案，将成为民生工程的有效载体。规划要系统客观、合理可行，注重规划的可操作性和可达性，紧紧围绕生态文明示范区的目标定位，充分对标《国家生态文明建设示范县、市指标（试行）》，鼓励提出本地特色指标。根据现状评估和趋势分析，对指标体系进行现状与目标值的差距分析，分为已达、易达、难达三类指标，为规划任务设计提供支撑。规划编制要将生态文明建设融入经济、政治、文化、社会建设的各方面和全过程。以创建目标为导向，明确规划重点任务。

近年来，生态省、市、县创建深入推进，不少省、市、县在向生态文明建设迈进的过程中，取得了初步的、阶段性的、重要的成果。"以点带面""以促带建"，构成了我国生态文明建设推进战略的重要组成部分。截至目前，全国已有海南、吉林、黑龙江、福建、浙江、山东、安徽、江苏、河北、广西、四川、辽宁、天津、山西、河南、湖北等16个省份开展了生态省建设，1 000多个县（市、区）开展生态文明示范创建，129个市（县）成功创建国家生态市（县），40个市（县）成功创建国家生态文明示范市（县）（表2-7至表2-9），同时还有84个城市（城区）达到国家环境保护模范城市建设标准、4 596个乡镇达到国家级生态乡镇标准。总体来说，我国近年来在大力推进生态文明建设总体形势下，在政府宏观调控与政策引导下，生态城镇建设模式呈多元化发展，企业、公民等社会参与力量不断壮大，生态城镇与可持续城市探索不断深化。

专栏 2-3 山东生态省规划建设案例

2003 年 12 月 26 日颁布实施的《山东生态省建设规划纲要》指出，生态省是指经济社会与生态环境实现了协调发展、各个领域达到了当代可持续发展目标要求的省份。其主要标志是：生态环境良好并且不断趋向更高水平的平衡，自然资源得到合理保护和利用；以生态或绿色经济为特色的经济高度发展，结构合理，总体竞争力强；现代生态文化形成并得到发展，民主与法制健全，社会文明程度高；城市和乡村环境优美，人民生活水平全面进入富裕阶段，环境污染和生态破坏得到根本控制和基本消除。为此，山东生态省的建设将抓住环境保护、生态建设、循环经济三大重点和结构调整、水资源优化配置、国土绿化、污染防治四个关键环节，力争到 2020 年，在全省初步形成以循环经济理念为指导的生态经济体系、可持续利用的资源保障体系、山川秀美的生态环境体系、与自然和谐的人居环境体系、支撑可持续发展的安全体系和体现现代文明的生态文化体系。

表 2-7　中国生态省建设名单

省（直辖市、自治区）名称	数量
海南　吉林　黑龙江　福建　浙江　山东　安徽　江苏　河北　广西　四川　辽宁　天津　山西　河南　湖北	16 个

表 2-8　中国生态市、县名单

省（区、市）	生态市、县	数量
北京	密云县、延庆县	2
江苏	张家港市、常熟市、昆山市、江阴市、太仓市、无锡市、宜兴市、无锡市滨湖区、锡山区、惠山区、苏州市吴中区、相城区、吴江市、常州市武进区、金坛市、南京市江宁区、高淳县、海安县、无锡新区、苏州工业园区、苏州国家高新技术产业开发区、嘉兴市、湖州市、常州市、苏州市、溧阳市、南京市浦口区、扬州市、镇江市、如东县、如皋市、海门市、句容市、扬中市、丹阳市、镇江市丹徒区、扬州市邗江区、扬州市江都区、宝应县、高邮市、仪征市、南京市溧水区	42
浙江	安吉县、杭州市、义乌市、临安市、桐庐县、磐安县、开化县、嘉善县、淳安县、杭州市西湖区、宁波市镇海区、洞头县、天台县、长兴县、云和县、遂昌县、泰顺县、舟山市、丽水市、德清县	20
广东	深圳市、珠海市、韶关市、中山市、深圳市福田区、盐田区、南山区、佛山市南海区、深圳市罗湖区、珠海市香洲区、深圳市大鹏新区	11

省（区、市）	生态市、县	数量
上海	闵行区、青浦区	2
河北	承德市	1
河南	南阳市、栾川县	2
福建	长泰县、南靖县、德化县、南安市、永春县、泰宁县、龙岩市、长汀县	8
湖北	鄂州梁子湖区、十堰市、武汉市蔡甸区	3
云南	洱源县	1
贵州	贵阳市	1
天津	西青区	1
辽宁	沈阳市东陵区、沈北新区、辽河保护区、沈阳市苏家屯区、于洪区、棋盘山开发区、大连市金州区、新民市、康平县、法库县、辽中县	11
安徽	霍山县、绩溪县、宁国市	3
山东	荣成市、文登市、乳山市、寿光市	4
四川	双流县、成都市温江区、郫都区、蒲江县、成都市青白江区、成都市新都区、新津县、芦山县、天全县、宝兴县	10
湖南	长沙市长沙大河西先导区、安乡县	2
陕西	西安市浐灞生态区、西安市曲江新区	2
新疆	克拉玛依市克拉玛依区、伊犁州	2
宁夏	吴忠市	1
合计		129

表 2-9　中国生态文明建设示范市、县名单

省（区、市）	生态文明建设示范市、县	数量
北京	延庆区	1
山西	右玉县	1
辽宁	盘锦市大洼区	1
吉林	通化县	1
黑龙江	虎林市	1
江苏	苏州市、无锡市、南京市江宁区、泰州市姜堰区、金湖县	5
浙江	湖州市、杭州市临安区、象山县、新昌县、浦江县	5
安徽	宣城市、金寨县、绩溪县	3
福建	永康县、厦门市海沧区、泰宁县、德化县、长汀县	5
江西	靖安县、资溪县、婺源县	3
山东	曲阜市、荣成市	2
河南	栾川县	1
湖北	京山县	1
湖南	江华瑶族自治县	1
广东	珠海市、惠州市、深圳市盐田区	3
广西	上林县	1
重庆	璧山区	1
四川	浦江县	1

省（区、市）	生态文明建设示范市、县	数量
贵州	贵阳市观山湖区、遵义市汇川区	2
云南	西双版纳傣族自治州、石林县	2
西藏	林芝市巴宜区	1
陕西	凤县	1
甘肃	平凉市	1
青海	湟源县	1
新疆	昭苏县	1
合计		46

生态文明建设取得积极成效的一方面是生态省（市、县）创建规划发挥了引领作用，另一方面，是对全国各地的建设实践做出科学合理的评估。虽然对生态文明建设量化评估的理论性探讨成果已经有许多，但总体来说，国内最权威的指标体系是 2013 年 5 月环境保护部公布的"国家生态文明建设试点示范区指标"（试行）。该指标体系大致延续了之前颁布的生态示范区（生态县、生态市、生态省）评估体系构架，并划分为生态经济、生态环境、生态人居、生态制度、生态文化等五个子系统，以及 29 个（生态文明县）或 30 个（生态文明市）具体评估指标。2018 年，生态环境部印发的《国家生态文明建设示范县、市指标（修订）》，分为生态制度、生态环境、生态空间、

生态经济、生态生活、生态文化等 10 个领域 41 项指标。

2.5 达标规划

《环境保护法》明确规定："未达到国家环境质量标准的重点区域、流域的有关地方人民政府，应当制定限期达标规划，并采取措施按期达标。"《"十三五"生态环境保护规划》指出："未达标的城市，应确定达标期限，向社会公布，并制定实施限期达标规划，明确达标时间表、路线图和重点任务。"《中共中央 国务院关于全面加强生态环境保护坚决打好污染防治攻坚战的意见》明确规定："生态环境质量不达标地区的市、县级政府，要于 2018 年年底前制定实施限期达标规划，向上级政府备案并向社会公开。"由此可见，达标规划是执行环境质量标准、切实落实地方政府环境责任的基本手段。目前，达标规划主要分为大气环境质量限期达标规划和不达标水体限期达标规划。

2.5.1 大气环境质量限期达标规划

《大气污染防治法》规定："未达到国家大气环境质量标准城市的人民政府应当及时编制大气环境质量限期达标规划，采取措施，按照国务院或者省级人民政府规定的期限达到大气环境质量标准。"大气环境质量限期达标规划是指在规定期限保障空气质量满足《环境空气质量标准》要求,而依法制定的具有确定性目标和权威性、优化性的行动方案。首先要对当地空气质量进行全面系统的评估,这是大气环境质量限期达标规划的先决条件,只有清楚地了解空气质量状况,才能确定实施达标规划的污染物及与之相关的污染源控制对象。规划目标制订要直接趋向于环境空气质量标准要求,主要是基于《环境空气质量标准》和《环境空气质量评价技术规范》,确保地区内任何一个监测点任何一种空气污染物在规划期限内达到"标准"要求。达标规划须详细列出为治理现有空气污染源而进行合理的污染控制战略和排放控制措施,以逐年朝达标的方向取得合理的进展。规划设计的核心主要是为现有污染源建立"合理可行的治理技术"标准,并且以一定幅度逐年减少排放量,保证在最后期限内使环境空气质量达标。

达标规划是以空气质量达标为管理目标,应用科学手段开展城市空气质量管理,设计并评估空气质量改善措施以实现持续达标的规划管理模式。通过达标规划,可以使空气质量达标作为明确的长期限制指标,对城市的能源发展、交通发展、产业布局做出前置约束,使城市更加认识到源头治理、结构调整的重要性,使城市空气质量得到

持续改善。目前，四川省、浙江省、武汉市、无锡市、宿迁市、大连市等已经做了大气环境质量限期达标规划。

空气质量达标规划管理在欧美已经成功实施多年。在经过美国洛杉矶烟雾事件、伦敦烟雾事件后，美国和英国分别从 1970 年《清洁空气法》和 1995 年英国《环境法》开始，建立空气质量达标管理机制，实现了空气质量改善与经济发展的"双赢"。国际经验表明，达标规划对空气质量的改善有着不可或缺的重要意义。

2.5.2　目标性生态环境保护规划管理与实施

在目标性生态环境保护规划管理与实施中，应坚持"综合规划为总体，专项规划为支撑"原则，"各司其职、相辅相成"的工作思路，使综合规划和专项规划形成分工明确的有机整体。在规划编制过程中，坚持"全面统筹，同步推进，重点突破"的工作方法，专项规划在规划体系搭建后，与综合规划同步推进，综合规划管平衡和方向，专项规划管重点和具体化；在规划任务编制上，专项规划主要解决目标的细化、内容的深化、要求的实化、措施的强化，强化实施重大工程对规划实施的作用，以工程促工作，以项目带效益。

同时做好与综合规划考核内容、措施、手段的衔接协调和上下统一，保持考核内容相辅相成、考核方法大致统一、考核形式多样。原环境保护部已开展了"十一五"规划中期评估和终期考核、重点流域水污染防治专项规划实施考核、重金属污染防治"十二五"规划考核等工作，考核结果纳入《国家环境保护"十二五"规划》评估与考核统筹评价。

2.5.3　不达标水体限期达标规划

2015 年 4 月 2 日，国务院印发《水污染防治行动计划》（国发〔2015〕17 号）（以下简称《水十条》），以改善水环境质量为主线，对控源减排、结构转型、水资源保护、科技支撑、市场驱动、执法监管等方面作出了翔实的部署，明确了当前及今后一段时期水污染防治的行动纲领。《水十条》明确规定，未达到水质目标要求的地区要制定达标方案，将治污任务逐一落实到汇水范围内的排污单位，明确防治措施及达标时限，方案报上一级人民政府备案，自 2016 年起，定期向社会公布。

2015 年，环境保护部印发《水体达标方案编制技术指南（试行）》（环办函〔2015〕1711 号）；2016 年，环境保护部对指南进行了修订，印发《水体达标方案编制技术指南》（环办污防函〔2016〕563 号）。

达标方案应坚持水环境质量改善目标导向，以水质达标倒逼任务措施，科学制订达标路线图和时间表，强化科学决策与系统施治，全面涵盖污染减排、环境承载力提升和水生态修复等措施。达标方案编制时，须深入调查评估水环境现状，诊断和识别主要水环境问题，查找与水质目标和要求的差距，分级构建更精细的控制单元，建立污染排放与水质响应关系，以阶段性水质改善目标为约束，统筹考虑水资源优化调控，测算入河/入海允许排放量，将允许排放量逐一分配至汇水区内的各级行政区和排污单位，拟定许可排放量。科学分配各控制单元污染物削减量，根据目标责任书、工作方案和其他规划、区划要求，因地制宜地细化整治任务和措施，合理安排重点工程。从技术经济角度论证目标可达性，提出方案落实的保障措施等。

《中华人民共和国水污染防治法》在 2017 年第二次修正时，进一步落实地方政府实施水污染防治规划的责任，要求有关市、县级人民政府应当"按照水污染防治规划确定的水环境质量改善目标的要求，制定限期达标规划""将限期达标规划报上一级人民政府备案，并向社会公开""每年在向本级人民代表大会或者其常务委员会报告环境状况和环境保护目标完成情况时，应当报告水环境质量限期达标规划执行情况，并向社会公开"。根据《中华人民共和国水污染防治法释义》，限期达标规划实际上相当于限期达标方案，主要是细化、落实水污染防治规划。限期达标规划的方案、措施、任务等应当明确、具体、详细、操作性强，确保通过限期达标规划的实施能够实现水污染防治规划确定的目标。2016 年，环境保护部以公告形式发布了"十三五"期间水质需改善和水质须保持控制单元信息清单（环境保护部公告 2016 年第 44 号、第 54 号），其中水质须改善 343 个，水质须保持 1 441 个。截至 2017 年，343 个不达标控制单元中均已完成达标方案编制，并有序开展水污染防治工程项目建设。

2.6 行动计划

行动计划最早出现于 20 世纪 60 年代的美国，被定义为"在地方层次上解决问题、实施导向的规划过程"，并在当时体现了一个崭新的观点，规划与行动走到一起并相互融合。行动计划的主要特征是短期性和直接性，它的目的就是通过最简化的程序解决实际问题。英国自 2002 年开始重用行动计划，起源于英国规划体系改革中将单一的地方发展框架来代替传统的结构规划和地方规划，其中包括针对近期需求采取建设或改造行动的各局部地区的详细行动计划，这些行动计划将处理行政区范围内的专题或特定区域问题。在我国，行动计划的概念主要被应用在处理特定领域问题，如《大气污染防治行动计划》《水污染防治行动计划》《土壤污染防治行动计划》，以及各省（市、区）制订的三大行动计划。行动计划作为规划的必要组成部分，将规划由静态蓝图变为动态蓝图，强化了规划的实施性，促进了规划执行，在管理思路、管理手段、考核机制等方面具有重大突破。

从已有行动计划来看，其编制具有如下几个特点：

一是与战略型、目标性规划结合编制。《大气污染防治行动计划》提出，到2017年，全国空气质量总体改善，力争再用五年或更长时间，实现全国空气质量明显改善。《水污染防治行动计划》提出，到2020年全国水环境质量得到阶段性改善，到2030年水环境质量总体改善。《土壤污染防治行动计划》提出，到2020年土壤环境质量总体保持稳定。《"十三五"生态环境保护规划》统筹三个十条，确立了到2020年生态环境质量总体改善的总目标，这一目标定位综合了三个十条的基本要求，标志着环境保护进入转折发展的新阶段。

二是针对政府事权，由政府主导实施。行动计划的实施主体一般是本级和下级政府，是在规划目标指引下、在政府事权范围内对政府近期要采取行动的安排。例如，三大行动计划都明确了每一个行动由哪级政府或者政府部门负责实施，以及负责的具体内容，国家与省级政府、省级与市级政府均签订了目标责任书。这样既便于操作，也便于考核。

三是具体行动任务的选择体现针对性、可操作性和时效性的原则。针对性指针对目前迫切需要解决的主要问题和突出重点区域,《大气污染防治行动计划》确定了京津冀、长三角、珠三角等重点区域,《水污染防治行动计划》以七大流域为重点,《土壤污染防治行动计划》明确了农用地、建设用地污染防治的目标。可操作性是指在目前制度环境下可操作的行动。时效性是指近期可以见效的行动。从已有的行动计划来看，基本都遵循了这些原则。

3

生态环境规划理论技术研究进展

3.1 基础理论研究进展

在环境规划学理论基础研究方面,除了继续将可持续发展理论、生态学理论、环境承载力理论和生态产业理论、人地系统理论、空间结构理论等作为环境规划的理论基础外,生态文明、绿色发展、循环经济及其相关的绿色经济、低碳经济等理论,开始在环境规划中得到逐步的应用;除了编制专门的循环经济规划外,其理念也被引入环境规划中,利用循环经济理论的规律指导环境规划的编制与实施,以保证环境规划作为环境管理手段的有效性。同时,循环经济理论在城市、中小城镇环境规划中得到拓展,成为建设可持续发展城市的重要内容。

以生态学原理为基础，衍生出多种生态学理论分支，一般应用在城市、区域生态规划等领域。随着国家对生态保护和生态补偿等制度的推广，由生态学理论衍生出的生态补偿理论、生态系统性理论、生态服务功能价值理论及生态资本理论等，已用于我国生态补偿机制与政策框架等的研究之中，并在不同层次的环境规划实践中得到落实；越来越多的生态规划综合运用生态学原理与生态经济学知识，调控复合系统"社会—经济—环境"中各亚系统及其组分间的生态关系，以实现城市、农村及区域社会经济的可持续发展。

环境承载力是环境规划的基本理论，在环境规划中得到了进一步的广泛应用，尤其在流域、区域等综合性环境规划中；同时，基于环境承载力和环境容量价值理论，用于研究环境资源有偿使用政策与框架，为资源环境容量有偿使用提供理论依据。

作为环境规划宏观战略思想体系研究的基础，环境规划的价值观和自然观理论得到了进一步完善和明确，主要包括环境伦理观、资源价值观、新发展观、系统生态观和全球观；不同时期的环境规划学价值观应有所调整。

"两山"理论作为生态文明新思维、新战略、新突破，在《浙江

（衢州）"两山"实践示范区建设规划》中得到了系统研究和应用，不仅系统分析了"两山"理念的理论内涵，研究建立了"两山"评价指标体系，还开创性地提出了"两山"指数用以评测"两山"实践示范区建设进展，在全面研判衢州市"两山"理念实践过程中的经济环境面临形势与重大问题基础上，提出了打通衢州"绿水青山"向"金山银山"转化通道的总体目标，构建了"两山"建设五大任务体系，即生态安全体系、生态经济体系、生态环境治理体系、生态文化体系和生态文明制度体系，提出搭建"两山"实践转化平台，制定了保障措施。

3.2 环境规划方法研究进展

在环境规划的"编制—实施—评估—反馈"体系中，常用的技术步骤通常包括：规划目标与指标体系建立、环境趋势预测、方案优选、环境与经济协调分析等；在此过程中，以下的技术方法起到了关键的规划支撑作用：环境扩散与容量总量模型（水、大气）、线性规划法、复合不确定性单/多目标环境系统优化调控技术、灰色系统目标规划法、动态规划法、多属性决策、情景分析法、时间序列分析、投入产出规划法和模糊数学规划法等，此外还有辅助性的技术方法，如 GIS 技术。

随着环境规划体系的拓展以及对定量环境规划决策支撑的需求，在技术方法的研究中，逐步完善了环境规划的"评价—模拟—优化—集成"技术框架，通过自主研发、引进后再开发，以及技术集成等开展关键规划技术研究并得到应用。

指标体系的建立是环境规划的基础，压力—状态—响应（PSR）模型、层次分析法、德尔菲法、模糊聚类分析，以及情景分析方法等被广泛应用于环境规划目标与指标的确定；并结合基于环境承载力分析、生态适宜度评价等方法，应用于环境规划的方案筛选、规划预测及生态、土壤专项规划等方面。

在环境规划的模拟预测方面，"系统动力学—情景分析法"被延伸应用于区域（流域）社会经济与环境的趋势预测、规划方案选择和污染控制。系统动力学能全面、系统地描述社会—经济—环境系统的多重反馈回路、复杂时变、非线性等特征，能动态地展现系统发展过程中关注因子的变化，提高环境规划的质量；而情景分析法充分考虑了未来可能发生的态势及其相互影响，相对模型预测等传统方法更加客观、公正。

在环境规划方案的决策优化中，复合不确定性单目标、多目标

环境系统优化调控技术得到逐步完善，包括区间模糊多目标规划、强化区间线性规划和基于显性风险区间线性规划等技术，并在流域、区域环境规划的实践中得到具体应用。

随着环境规划内容的延伸与环境规划方法的改进，在环境规划的研究与实践中，越来越多地遇到一些需要综合集成规划技术方法来分析和生成规划方案的问题，由此，将评估、模拟、优化等规划方法集成应用，就成了环境规划学发展的新方向。间接式"模拟—优化"耦合模型，包括基于贝叶斯统计的不确定性非线性系统"模拟—优化"耦合技术、基于非线性区间映射算法的"模拟—优化"耦合技术、流域环境规划的"模拟—评估—优化"集成技术，在流域环境规划中得到实际应用。

在环境容量的分配和重点流域的水污染防治规划中采用了环境基尼系数法。环境基尼系数在环境规划中用于评价各类自然和能源资源分布和配置的公平性和差异性，有研究者用环境基尼系数法对水污染物排放总量进行分配，另外有研究者将基尼系数密度指数引入环境基尼系数法并进行改进，发现改进后的基尼系数法更加有效。还有应用时间序列、面板数据分析省际、区域及城市环境与经济等指标间的关系、环境污染总量变化情况，均取得一定进展。

为适应国家环境规划实施的评估需求，完善规划体系的一大突破在于建立了不同层次的规划实施评估机制，开发了逻辑框架法（Logic Framework Approach，LFA），为规划实施评估提供了一种层次分明、结构清晰、逻辑合理的分析框架，尤其适宜区域大尺度宏观规划的评估。

决策支持体系为环境规划实现现代化操作提供了技术手段，它可以用来辅助解决半结构化和非结构化的决策问题。我国已经建立了多个适用于城市区域、经济开发区等不同范围环境规划的决策支持系统。此外，由于环境规划涉及环境、社会、经济等因素的空间分布信息和时间演变信息，时空信息和属性信息需要信息管理技术和虚拟现实技术的支持。3S（GIS、GPS、RS）和 VR 技术等现代技术广泛的应用，提高了环境信息的真实性、可靠性、广泛性；Matlab、Surfer、Access 数据库等技术在环境规划中的应用使规划数据分析更加全面和准确。

3.3 重点领域环境规划研究与技术创新

近年来，生态环境保护面临破解诸多深层次矛盾和问题的困难和挑战，突出表现为：公众环境需求不断提高和改善环境质量的难度持续加大；资源环境约束强化和要素需求刚性增长；环境问题长期叠加累积和环境风险高危敏感；全社会环保自觉意识淡薄和环境违法行为高发。环境规划研究仍集中在水、气环境规划的研究上，研究的重点逐渐由常规化污染物的削减转向影响环境质量改善和风险防范等非传统领域延伸。

3.3.1 大气环境规划研究技术

在大气环境规划研究方面，根据不同空间尺度所要解决的不同大气环境问题，进行了国家、区域和城市大气环境规划方法的研究，并在应用的过程中不断发展。

在国家层面，为了实现全国空气质量总体改善的目标，在大尺度大气污染物排放清单的基础上，使用 WRF/CMAQ 等新一代模型工具，针对主要大气污染物减排长期战略和路线图进行了研究，并使用这些工具，对《大气污染防治行动计划》的制订进行了支撑。与此同时，针对大气污染防治和空气质量改善措施进行社会经济成本、健康和生态效益等方面分析的方法和工具也有了一定进展，并应用于规划过程中。

在区域层面，为了给区域大气污染联防联控提供技术支撑，综合应用国家尺度和区域尺度大气污染物排放清单，以及 WRF/CMAQ 和 WRF/CAMx 等模型工具，初步进行了区域间大气污染物传输、影响的分析，并在此基础上构建全新的规划方法，以实现对区域大气污染物排放控制策略进行优化，减少区域传输对环境空气质量的影响。

在城市层面，基于高精度城市大气污染物排放清单，结合城市总体规划和城市空气质量达标规划的总体要求，建立相应的规划方法，一方面梳理城市大气污染物排放红线和布局；另一方面在区域规划的背景下，结合定期达标的总体目标，建立分阶段改善的城市空气质量达标规划方法。

3.3.2　水环境规划研究技术

水环境规划研究包括水污染物总量控制目标分配、水污染防治规划目标指标体系建立、水环境容量、水环境质量、重点流域水环境管理等，同时又出现了新的研究思路与方法，如水环境控制单元划分、河流健康评价、水环境规划等。

（1）流域水污染防治规划技术与方法

统筹考虑我国流域管理中的行政区划和水资源分区特征，首次系统、规范设计了流域水污染防治规划分区体系和分区方法，分析行

政区—水体—水质断面的对应关系,建立流域—控制区—控制单元三

级分区管理体系（图 3-1）,建立污染物排放—断面水质的输入响应

关系,在 8 大重点流域内进行了分区实践。

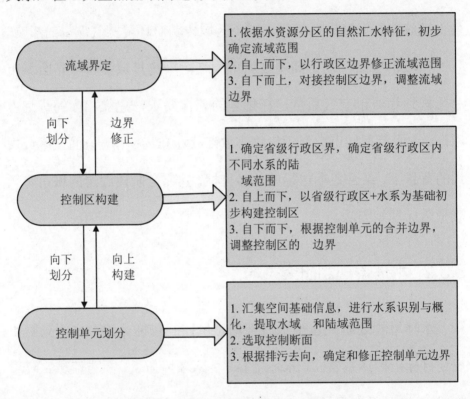

流域界定 → 1. 依据水资源分区的自然汇水特征,初步确定流域范围
2. 自上而下,以行政区边界修正流域范围
3. 自下而上,对接控制区边界,调整流域边界

向下划分 / 边界修正

控制区构建 → 1. 确定省级行政区界,确定省级行政区内不同水系的陆域范围
2. 自上而下,以省级行政区+水系为基础初步构建控制区
3. 自下而上,根据控制单元的合并边界,调整控制区的边界

向下划分 / 向上构建

控制单元划分 → 1. 汇集空间基础信息,进行水系识别与概化,提取水域和陆域范围
2. 选取控制断面
3. 根据排污去向,确定和修正控制单元边界

图 3-1 流域水污染防治规划分区流程

（2）地下水污染防治规划研究技术与方法

在地下水污染防治规划编制和研究中,分别采用健康风险评价、

污染成因分析、污染过程模拟等手段,运用污染溯源、复合污染源模

拟等方法，制定区域和双源（地下水饮用水水源地、污染源）不同尺度的水质目标。综合运用多标准决策分析（MCDA）、多目标规划（MOP）、费用效益法、地下水数值模拟（水流运动、污染质运动）等方法，叠加国家和地方规划中拟进行的规划项目、治理措施等，最终制定地下水环境管理方面的量化目标。

在地下水环境状况调查评估方面，进行了"双源"（地下水饮用水水源和污染源）和区域地下水环境调查及评估方法的研究。制定了针对性的资料收集、现场踏勘、监测布点、采样分析、水质评价及污染评价的调查方法，开展了污染状况综合评估、地下水防污性能评估、健康风险评估和修复（防控）方案评估研究，运用 GMS 和 VMFLOW 地下水模拟模型，开发地下水防污性能评估计算机软件系统，在 RBCA 健康风险评估模型的基础上，结合我国特定的暴露人群生理特征参数、毒理学参数，建立了地下水健康风险评估方法，并研发了地下水健康风险评估软件。针对不同类型地下水污染特征，编制地下水污染修复（防控）方案。

（3）饮用水水源环境保护规划技术和方法

在饮用水水源环境保护规划方面，针对不同水源地类型，从水源选址到保护区划分，从调查评估到监管能力建设等，从污染治理到风险防范等方面，进行了详细的方法与对策研究，并在应用的过程中不断拓展。在调查评估与监管能力建设方面，采用资料收集法、现场调查法和遥感法，水源地基础信息调查、水质状况调查、污染源调查和管理状况调查。基于调查结果，对饮用水水源环境质量现状做出科学评价。在污染治理与风险防范方面，提出饮用水水源保护区"分级、分类、分源"的污染防治理念。

此外，在技术方法研究上，有学者对流域生态补偿在补偿主体界定、补偿标准的计算方法、补偿方式与形式、补偿机制的构建等方面的研究取得较大进展。罗小娟等在总结太湖流域现有生态补偿机制及存在问题的基础上，结合国内外流域生态补偿经验，尝试设计多地区—多主体—多层次的太湖流域生态补偿机制框架，为太湖治理提供政策参考，进而推广到其他流域。陈金毅等的研究中将水环境容量理论运用于城市发展模式比选，并分析了不同城市发展模式对水环境质量的要求存在的差异。

3.3.3　其他领域规划研究技术和方法新进展

在环境功能区划划定技术中，采取定量与定性评价相结合的方法。定量评价方法从保障自然生态安全、维护人居环境健康和区域环境支撑能力角度出发建立环境功能综合评价指标体系,定性评价方法以主导因素法为主。

在主要污染物总量控制规划编制中,分行业、分领域对减排潜力进行定量分析,采用宏观校核法、强度法、产排污系数法、宏观预测法进行排放总量和排放强度的预测,在工作程序上采取"二上二下"的方式,最终确定主要污染物减排目标。

在重金属污染防治规划编制与实施中,在规划编制过程的同时编制技术指南,在重点区域筛选确定上以定量为主、定性为辅建立评价指标体系,建立定量、定性相结合的考核指标体系,突出排放量核算技术方法规范,将强度法、产排污系数法、监测法等项目核算法与重点行业宏观产品核算法相结合,建立起较为规范、全面的核算技术方法体系。

此外,学者对土壤污染防治规划研究主要集中在对复合污染土壤环境安全预测预警的研究上,如有学者在国内率先建立了基于土壤环境质量评价、生态风险评估和人体健康风险评估基础上的单项预警与综合预警相结合的污染场地土壤环境安全预警体系,另有部分学者结合污染场地修复试点工作的开展情况,对不同类型土壤污染治理与修复技术、原理、实用性及其国际研究与发展动态等方面做了详细论述。

3.4 环境规划技术与方法研究及应用

环境规划技术方法作为解决环境问题的有效手段，在环境规划中起着重要作用。常用的技术方法通常包括系统分析法、层次分析法、混沌优化法、情景分析法、环境扩散与容量总量模型（水、大气）、线性规划法、复合不确定性单/多目标环境系统优化调控技术、灰色系统目标规划法、动态规划法、多属性决策、时间序列分析、投入产出规划法和模糊数学规划法等。近年来，随着环境管理转型的不断深化，环境规划作为环境管理的主要手段，其现实需求不断提升，以数据库技术、模型模拟技术、可视化技术等计算机技术的出现为标志，拓宽了环境规划技术方法应用的广度和深度。

2007 年以来，我国初步建立了国家与地方各类重点污染源档案和各级污染源信息数据库，并在不断的丰富与完善中。国家污染信息数据库在综合判断我国面临的环境形势、及时掌握环境污染的新情况和新特征、支撑环境管理与综合决策等方面发挥着重要作用。通过对污染源数据的分析与整理，建立基于 ArcSDE 的滇池流域污染源数据库设计，在滇池流域治理过程中发挥着重要作用。

生态环境部环境规划院建立了涵盖 SO_2、NO_x、PM_{10}、$PM_{2.5}$ 及

其关键组分、VOCs 及其关键组分、NH$_3$（REAS 数据），并适用于定量模拟多种尺度（全国、区域、城市）、各种大气污染过程的高时空分辨率排放清单。在此基础之上，应用 WRF-CMAQ 空气质量模型，建立了国家层面"污染减排"与"质量改善"响应模拟平台，该平台已在"十二五"大气污染物总量控制环境效果模拟、重点区域大气污染防治"十二五"规划目标可达性分析以及《大气污染防治行动计划》中 PM$_{2.5}$ 改善效果预测、"十一五"大气污染物总量控制环境效果回顾性评估等重大环境决策领域得以应用。

陈伟亚和刘芳芳以实地调研的水文信息数据和监测数据为属性数据，建立基于地理数据库（Geodatabase）模型的水环境信息数据库，成功将水污染控制规划的空间数据与属性数据相关联，实现规划结果的可视化，为水环境数据管理、空间图形表达和规划决策分析提供了有效的工作平台和技术支持。

3.5 环境规划学科发展

截至 2010 年，全国拥有环境规划研究方向的博士生授权点 27 个，有环境规划方向的博士点院校数量占设置环境相关专业院校总量的 67%，研究方向主要是环境规划与管理、环境规划与评价等。拥

有环境规划研究方向的硕士授权单位 102 家,研究方向主要是环境规划与管理。学士点建设情况主要以全国高考的招生简章为依据,分为一本、二本、三本三个级别,统计结果如表 3-1 所示,我国设置环境规划方向的高校有 314 所,且全部设有环境规划相关课程,其中一本高校 127 所,二本高校 169 所,三本高校 18 所。学士学位授予点的环境规划方向主要包含在环境科学等专业中,绝大多数的环境类专业都有环境规划的相关课程设置,因此环境规划学科的本科生教育在环境相关专业里已经非常普遍。

表 3-1　设置环境规划方向的高校学科分布状况

学科名称	一本院校	二本院校	三本院校	合计
环境科学	34	31	3	68
环境工程	35	63	6	104
环境科学+环境工程	40	30	2	72
资源环境与城乡规划管理等	6	20	4	30
环境科学+资源	3	11	2	16
环境科学+环境工程+资源环境与城乡规划管理	6	4	0	10
环境工程+资源环境与城乡规划管理	3	8	1	12
环境工程+环境科学+城市规划	0	1	0	1
环境工程+环境监测与治理	0	1	0	1
合计	127	169	18	314

从环境规划专业教材编著来看，"十一五"期间，共有环境规划教材10余部，占1992年以来教材总数的50%以上，其中，郭怀成、姚建、尚金城、张承中等主编的教材进入了"普通高等教育'十一五'国家级规划教材"系列，郭怀成主编的教材进入了"面向21世纪课程教材"系列。

表3-2 "十一五"时期中国学者编著的《环境规划》教材目录
（2006—2009年）

序号	作者	题名	出版社	时间
1	尚金城	环境规划与管理（第二版）	科学出版社	2009
2	姚建	环境规划与管理	化学工业出版社	2009
3	郭怀成等	环境规划学（第二版）	高等教育出版社	2009
4	尚金城	城市环境规划	高等教育出版社	2008
5	金腊华	环境评价与规划	化学工业出版社	2008
6	张承中	环境规划与管理	高等教育出版社	2007
7	刘建秋	环境规划	中国环境科学出版社	2007
8	丁忠浩	环境规划与管理	机械工业出版社	2007
9	海热提	环境规划与管理	机械工业出版社	2007
10	刘利等	环境规划与管理	化学工业出版社	2006

经过对我国国内环境规划学科的硕士、博士学位论文发表情况的时间序列动态分析，所检索的主要关键词范围覆盖了环境规划研究

的基础领域和应用领域。总体来看，我国环境规划学科研究与培养教育逐年受到重视，硕士和博士学位论文总量呈增加态势，硕士学位论文从 2000 年检索到的 6 篇增加到 2009 年的 253 篇，增加了 41 倍，年平均增长率为 58%；博士学位论文从 2000 年检索到的 1 篇增加到 2009 年的 30 篇，增加了 29 倍，年平均增长率为 75%，其中，土地利用规划、生态规划、环境容量、环境评价、环境影响评价、污染控制等领域的论文数量较多，其他领域的论文产出较少。比较来看，博士学位论文数量与硕士学位论文相比明显较少，10 年来博士学位论文产出总量为 211 篇，硕士学位论文则达到 1 474 篇，博士学位论文数量仅占硕士学位论文数量的 14.2%。图 3-2、图 3-3 还反映出，"十一五"时期，环境规划领域文献数量增长率逐年降低，其中 2008 年、2009 年论文发表数量呈现负增长，与文献量基数增大、论文还没有完全上传有一定关系，再有就是与学科对博士毕业的论文要求更为严格有关。

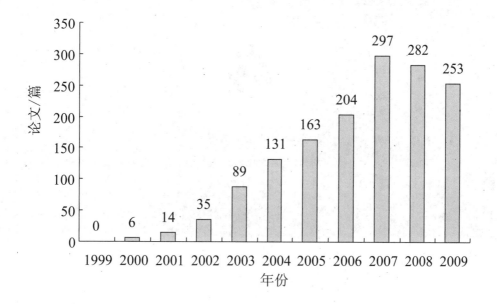

图 3-2　硕士学位论文产出数量变化

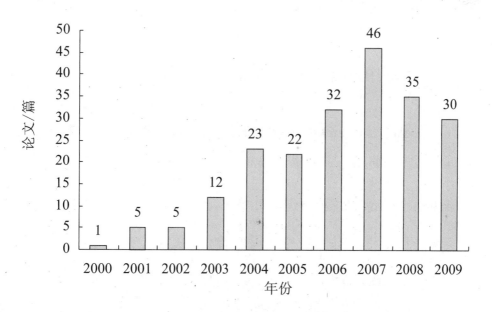

图 3-3　博士学位论文产出数量变化

4

中国生态环境规划发展趋势及建议

4.1 发展趋势展望

4.1.1 美丽中国建设为环境规划确立了新的时代坐标

习近平总书记在党的十九大报告中描绘了新时代我国生态文明建设的宏伟蓝图和实现美丽中国的战略路径，到 2020 年，坚决打好污染防治攻坚战；到 2035 年，生态环境根本好转，美丽中国目标基本实现；到 21 世纪中叶，把我国建成富强民主文明和谐美丽的社会主义现代化强国。新形势、新目标、新要求，要以此重新审视、调整中国环境宏观战略路线图。

当前，解决人民温饱和人民生活总体上达到小康水平这两个目标已经提前实现。党中央明确提出了"两个一百年"奋斗目标，党的十九大将"两个一百年"实现过程中的 30 年进行了两个阶段的战略安排，第一个阶段（2020—2035 年），要基本实现社会主义现代化；第二个阶段（2035—2050 年），要把我国建成富强民主文明和谐美丽的社会主义现代化强国。这意味着，将原来提出的"三步走战略"的第三步即基本实现现代化将提前 15 年实现。这是在综合考虑我国经济社会发展的良好基础与发展势头下做出的战略安排。

我国在 2035 年阶段目标中明确提出了"生态环境根本好转，美丽中国目标基本实现"的目标，是反映了发展需求、响应了社会期待的重要内容，是新时代生态文明建设的总体目标，也是指导"十四五"及更长时期的生态环境保护工作的新的"历史坐标"，更是生态环境保护规划在研究和编制过程中需要特别关注的。

4.1.2　体制改革为生态环境保护规划确立了新的边界

2018 年国务院机构改革，将环境保护部职责与国家发展和改革委员会等 5 部委的气候变化和减排、地下水污染防治、水功能区划、排污口设置管理、流域水环境保护、农业面源污染治理、海洋环境保

护和南水北调工程项目区等环境保护职责进行整合,组建为生态环境部,统一行使生态和城乡各类污染排放监管与行政执法职责。由于管理体系不尽相同,在生态环境部统一的政策、规划、标准和管理制度下需要磨合、归并、整合,一方面,实现部内跨要素、跨领域的综合决策;另一方面,实现生态环境部参与宏观顶层设计、创新环境政策、提出国家发展与环境协调对策。尽管将对生态和城乡各种污染物排放强调实施统一监管的职责整合到生态环境部,但生态修复的工作内容属自然资源部管理,仍存在生态环境保护不统一的情况,特别是自然资源使用与开发过程中的生态监管、生态保护红线范围内的生态环境监管等工作。

缩短机构改革磨合期需要先从规划与技术层面作为切入点来突破。与生态环境部的整合职能中,一部分交叉较少,如气候变化和碳减排、海洋生态环境保护（不包含近岸海域）等职能,另一部分交叉较多,不协调、不统一时有存在,如水功能区划、地下水污染防治、流域水污染防治、排污口管理、近岸海洋生态环境保护等职能,甚至仍存在"各说各话""两张皮"的问题。应首先解决规划范围、治理目标、路径、监测方法与手段、上下衔接管理方式等"技术底盘"的对接,在技术层面进行制度、管理体系的整合与统一,再延伸至管理体系与制度的重构。

4.1.3　构建生态文明体系为生态环境规划提出了更高要求

在 2018 年 5 月 19 日召开的全国生态环境保护大会上，习近平总书记明确提出，要加快构建生态文明体系，加快建立健全以生态价值观念为准则的生态文化体系，以产业生态化和生态产业化为主体的生态经济体系，以改善生态环境质量为核心的目标责任体系，以治理体系和治理能力现代化为保障的生态文明制度体系，以生态系统良性循环和环境风险有效防控为重点的生态安全体系。系统界定了生态文明体系的基本框架，为加快构建生态文明指明了努力方向，也是新时期生态环境规划的重要遵循。

4.2　未来发展建议

以系统谋划生态环境保护顶层战略为目标，以环境保护规划编制和实施为抓手，做强做大综合规划，统筹规划研究、编制、实施、评估、考核、督察的全链条管理，重构新型生态环境规划体系，建立国家—省—市三级规划管理制度体系。

4.2.1 以生态环境规划为统领，统筹建立生态环境保护基础制度

习近平总书记在政治局第四十一次集体学习时发表重要讲话，要求全方位、全地域、全过程开展生态环境保护建设，加快形成有利于资源节约和生态环境保护的空间布局、产业结构、生产方式、生活方式。要求未来一段时间生态环境保护规划，要放在社会主义现代化建设的全过程、生态文明和美丽中国建设的全过程、生态环境统筹保护治理的全过程中谋划。生态文明体制改革还在深入推进，相关体制机制与政策改革还在不断完善，生态环境保护规划应充分发挥制度统领的作用，通过规划推进改革，通过改革促进规划实施，在实践中完善制度政策。

对于缩短改革中的磨合期，亟须有一个抓手和对话平台来进行衔接，发挥规划的抓手作用和平台作用。建议在不涉及职能分工的情况下，强化综合规划的统筹作用，将存在交叉领域的工作统筹安排，以规划实施带动工作的开展，有效降低生态环保工作中各部门的协调成本与时间成本。建议首先开展规划范围、治理目标、路径、监测方法与手段、上下衔接管理方式等"技术底盘"的对接，在技术层面进行制度、管理体系的整合与统一，再延伸至管理体系与制度的重构，利用好开展"十四五"规划的战略研究契机，以综合规划强化综合统筹作用。

4.2.2 以纵向横向发展为尺度，系统构建我国生态环境规划体系

生态环境保护的系统性、整体性特点，决定了生态环境保护需要横向到边、纵向到底，机构改革赋予了生态环境主管部门统筹全地域生态环境保护管理监督的职能，未来，规划体系要按照横向到边、纵向到底纵横结合两个维度进行设计。横向上，生态环境规划应覆盖所有生态环境保护的内容，覆盖陆地和海洋，覆盖山水林田湖草，覆盖城乡，覆盖所有的排污主体和排污过程，覆盖所有环境介质，覆盖所有的污染物类型，实现生态环境统筹规划、统筹保护、统筹治理、统筹监督。纵向上，改变以往环境规划头重脚轻的局面，建立国家—省—市—县四个层级的生态环境规划体系，国家生态环境规划做好顶层设计，统筹制定总体战略、领域和区域生态环境保护目标、重大任务、政策措施体系与重大工程项目。省级生态环境规划落实国家要求、明确区域生态环境保护安排。市县级生态环境规划以具体实施为主要

目标。明确规划编制、实施的中央与地方的关系，强化国家对省级规划的指导和审查备案。

4.2.3 以生态环境质量为核心，强化生态环境规划落地实施考核

全国国土空间生态环境差异悬殊，具有天然的区域性、流域性特征，生态环境规划应强化区域和空间属性，系统确定全国和重点区域的生态环境保护基础框架，确定分区域、分领域、分类型的生态环境属性，突出生态环境的分阶段目标与战略任务，建立以改善生态环境质量为核心，以空间管控为抓手，强化分区域、分流域、分阶段实施的规划体系，形成生态环境规划的全国战略框架和重点区域、重点流域、重点领域、重大政策相结合的规划体系。水污染防治规划已经初步形成了以七大重点流域、1 784 个控制单元为基础的空间规划体系，大气环境规划也初步形成了以三区十群为基础的全国大气环境规划体系，其他要素和领域分区规划体系还需要进一步探索。

4.2.4 以全链条管理为方向，建立规划全过程实施管理 体系

规划成功与否，与其制定与实施的体制、机制密切相关，一个完整的规划应包括从制定到实施再到监督到评估到问责的全过程。在规划制定上，各利益相关者都应当参与到环境保护规划相关的决策中，包括各级政府机构、公众、相关的污染单位，征求对规划的意见及建议。在规划的实施上，应当明确实施的主导机构以及协作机构，明确各部门的职责，避免职责的交叉及缺位。如在水污染防治规划及政策制定上，生态环境部门应当发挥主导作用，同时水利、交通、农业等部门应当协作配合。规划实施过程中必须制订详尽的计划或行动方案，明确目标、时间及任务，并开启月度或半年度调度机制，时刻掌握规划实施进度，及时解决实施过程中出现的难点。在环境规划的评估上，通过建立年度评估机制、跟踪评估机制实现对评估的全面监控，推动规划实施。最后要建立相应的行政问责制度，确保以此为政绩考核的依据，督促地方官员重视环境保护、重视规划实施，助力完成规划目标。

4.2.5 以技术创新为动力，推动生态环境管理"三化"转型

中国环境规划 40 年来取得了一批理论成果和一些成功的经验，但还不能称为一门学科，原因是当前环境规划的大多数研究成果还是集中在完成一项规划所需的技术方法上，而涉及深层次的、核心层次的关于环境规划方面的理论性研究成果，如概念、范畴、功能定位、约束与调控的关系等并不多。未来应加强环境优化和集成等薄弱技术方法研究，结合不同领域的特点开发出更多适用的有针对性的方法。同时，加强与社会经济发展紧密结合的环境影响、环境效应、环境经济形势分析、定量评估预测等技术方法的研究。定量评估的研究方法如非线性规划模型、系统动力学、面板数据等的应用还相对薄弱，一些新的软件开发技术在分区分类控制中有待更新，新的方法论仍是未来研究的重点。此外，还需与区域和空间的结合，加强环境规划空间控制、分区分类、污染减排与环境质量改善机理效益等技术方法的研究。加强环境风险控制、环境安全管理、环境基本公共服务等领域的研究。

4.2.6　以规划院所建设为核心，全面提升环境规划现代化能力

　　我国环境规划机构队伍薄弱，各省（自治区、直辖市）设立规划院的屈指可数，环境规划所一般以本省环保系统科研机构内独立部门形式存在。因此，应加强环境规划研究机构建设，丰富高校环境规划理论教学，充实环境规划编制与实践人才队伍。此外，我国环境规划更多的是受行政机制调控，只有建立对经济社会发展起促进提高作用的市场竞争机制，才能充分调动各地编制环境规划的主观能动性，实现环境规划龙头带动作用。

参考文献

[1] 国务院关于印发"十三五"生态环境保护规划的通知,国发〔2016〕
65 号.

[2] 国务院关于印发国家环境保护"十二五"规划的通知,国发〔2011〕
42 号.

[3] 国务院关于印发国家环境保护"十一五"规划的通知,国发〔2007〕
37 号.

[4] 关于国民经济和社会发展第七个五年计划时期国家环境保护计划的说明.

[5] 环境保护部. 开创中国特色环境保护事业的探索与实践——记中国环境保护事业 30 年[J]. 历史回眸, 2008: 24-27.

[6] 曲格平. 中国环境保护事业发展历程提要[J]. 环境保护, 1988
（3）: 2-5.

[7] 中国工程院.中国宏观战略研究（第一卷）[M]. 北京: 中国环境科学出版社, 2010.

[8] 王金南，蒋洪强，等.环境规划学[M]. 北京：中国环境出版社，2015.

[9] 王金南.生态环境空间管控应"多规合一"[J]. 环境与生活，2018（6）：72-73.

[10] 王金南，雷宇，薛文博，等. 基于 CREP 的国家环境质量改善工程规划与管理：以《大气污染防治行动计划》为例[J]. 环境工程，2016，34（12）：64-68.

[11] 王金南，秦昌波，田超，等. 生态环境保护行政管理体制改革方案研究[J]. 中国环境管理，2015，7（5）：9-14.

[12] 王金南，刘年磊，蒋洪强. 新《环境保护法》下的环境规划制度创新[J]. 环境保护，2014，42（13）：10-13.

[13] 王金南，苏洁琼，万军. "绿水青山就是金山银山"的理论内涵及其实现机制创新[J]. 环境保护，2017，45（11）：13-17.

[14] 王金南，万军，王倩，等. 改革开放 40 年与中国生态环境规划发展[J]. 中国环境管理，2018，10（6）：5-18.

[15] 万军，吴舜泽，于雷. 用环境空间规划制度促进新型城镇化健康发展[J]. 环境保护，2014，42（7）：24-26.

[16] 吴舜泽，王倩，万军."十三五"生态环境保护规划：把握新要

求、布局新任务[J]. 世界环境，2016（3）：16-19.

[17] 吴舜泽，万军. 科学精准理解《"十三五"生态环境保护规划》的关键词和新提法[J]. 中国环境管理，2017，9（1）：9-13，32.

[18] 万军. 再看环保五年规划[J]. 世界环境，2010（6）：16-17.

[19] 王倩. 夯实数据基础强化环境管理[N]. 中国环境报，2018-02-14（003）.

[20] 万军，王倩，周劲松，等. "十三五"规划实施需关注哪些问题？[N]. 中国环境报，2017-10-10（003）.

[21] 王倩，万军，秦昌波，等. 基于可达、可行、可接受的全面小康社会环境目标研究[J]. 环境保护科学，2015，41（1）：18-25.

[22] 吴舜泽，王倩. 坚持以提高环境质量为核心的"十三五"生态环境保护规划逻辑主线[J]. 环境保护，2017，45（1）：15-19.

[23] 秦昌波，苏洁琼，王倩，等. "绿水青山就是金山银山"理论实践政策机制研究[J]. 环境科学研究，2018，31（6）：985-990.

[24] 包存宽，王金南. 基于生态文明的环境规划理论架构[J]. 复旦学报（自然科学版），2014，53（3）：425-434.

[25] 吴舜泽，徐毅，王倩. 环境规划：回顾与展望[M]. 北京：中国环境科学出版社，2009.

[26] 吴舜泽."十一五"规划中期考核研究[M]. 北京：中国环境科学
出版社，2009.

[27] 郭怀成，尚金城，张天柱. 环境规划学[M]. 北京：高等教育出
版社，2009.

[28] 过孝民. 我国环境规划的回顾与展望[J]. 环境科学，1993，14
（4）：10-15.

[29] 海热提. 环境规划与管理[M]. 北京：中国环境科学出版社，2007.

[30] 李善同，吴三忙，何建武，等. 入世 10 年中国经济发展回顾及
前景展望[J].北京理工大学学报，2012，14（3）：1-7.

[31] 刘仁志，汪诚文，郝吉明，等. 环境承载力量化模型研究[J]. 应
用基础与工程科学学报，2009，17（1）：49-61.

[32] 刘永，郭怀成，王丽. 环境规划中情景分析方法及应用研究[J].
环境科学研究，2005，18（3）：82-87.

[33] 任俊宏. 我国第一次环境保护会议的历史地位[J]. 湖南行政学
院学报，2015（1）：124-128.

[34] 吴悦颖. 基尼系数法在水污染物排放总量分配中的应用[J]. 中
国环境政策，2006，6（3）：2.

[35] 姚景源. 入世 10 年：成就、问题及展望[J]. 红旗文稿，2011（15）：

21-24.

[36] 臧鸿晓. 系统仿真方法在环境规划预测中的应用[J]. 污染防治技术，2006，19（4）：29-31.

[37] 赵智勇. 改革开放三十年中国环保事业发展及启示[J]. 佳木斯大学社会科学学报，2009，27（1）：53-54.

[38] 周军，倪艳芳，邢佳，等. 中国环境规划发展趋势及存在问题探析[J]. 环境科学与管理，2013，38（4）：185-187.

[39] 高志宏，梁勇，林祥国. 基于 3S 技术的现代城市规划应用研究[J]. 测绘科学，2007，32（6）.